U0040527

4 週變女神！

增肌減脂‧自煮瘦身餐

喬尹 Yin____著

健康又輕鬆的飲食控制規劃並不複雜

倍感榮幸有機會能為美麗人妻喬伊寫序，還記得第一次看到她的 Instagram 頁面就毫無猶豫的馬上追蹤，對她多才多藝又有一手好廚藝的印象很深刻，謝謝主編 Lina 的邀請，讓我有機會能夠為喬尹用心準備的食譜書寫推薦序。

在還沒踏入健身圈之前，自己就曾嘗試過各種減重方式，過程中也累積了不少失敗經驗，才深刻體會了成功有效且長久的減脂計劃，最重要的是建立在正確的飲食習慣和方式，其次才是對的健身計劃和足夠的睡眠品質等。

但說到「正確的飲食方式」，除了從我個人長期的多次飲食控制實驗的經驗，還有從學生們的各種實際案例中，發現現今普遍最常出現的問題，是飲食控制內容缺乏變化而太過「單一性」，食材種類的選擇上，過少不夠豐富，例如可能聽聞燕麥有助於減重，即一整周都只大量食用燕麥，沒有搭配其他食材攝取，營養成分太過單一而沒有變化，即便短暫時間內可能體重體脂有大幅降減，但因為營養不均衡或營養密度低，反而讓健身訓練效果打折，且出現停滯期卡關，肌肉量也沒有增長，或因為口味太過單調乏味，導致無法持之以衡等負面影響。

因此攝取「多樣」食物來源，營養密度較高又俱全，且在不論增肌或減脂的飲食規劃上，都是所必需的重點，這時您可能就會有個疑問，多樣性食材要怎麼樣分配營養比例是好的？最適合的？這其實沒有一定的標準答案，或嚴僅的限制，因為這會隨著你「設定目標」與「週期長短」有所不同，也會因為每個人的年紀、生活作息和活動量不同，而有極多種的答案呈現。

當然諮詢專業營養師是方法之一，但不是每個人都有隨時請教營養師的條件，而且我們最常發生的是，一日三餐的口味也會隨著當下心情做變化，例如早餐西式但晚餐突然想吃中式，因應口味不同，要完全依照營養師固定菜單，也有相對的難度，所以其實限制自己在特定嚴格的框架內，較不符實際考量，也容易中途放棄，無法長期維持變成「日常生活習慣」。

審訂者簡介

· Fit-FNS 運動營養專家認證
· 美國運動委員會 ACE-CPT 私人教練認證
· Crosscore-RBT 進階懸吊運動系統台灣區師資
· SFMA 精選功能性動作評估 Level 1 國際官方認證
· 世界拳擊理事會 WBC 國際初階教練認證
· KAT fitness 動作優化研習認證
· 橡體學院 - 精準指導學 Lv1 評估研習認證
· 橡體學院 - 精準指導學 Lv2 動作指導與課表設計研習認證
· EASY Flossband 軟組織鬆動術國際認證
· 中華民國健力協會 C 級教練證照
· 心肺復甦訓練 CPR+AED 證照

　　聽到這裡可能部分人覺得設計個人飲食規劃，似乎不容易，要維持「食物多樣性」又要因應口味上變化，同時又要擔心熱量是否過量，怎麼辦？沒有一個準則依循，也容易失去方向，但其實只要掌握幾個大原則，健康又輕鬆的飲食控制規劃並沒有那麼複雜。

　　只要記得在每餐依循「高纖」、「高蛋白」、「較少精緻碳水比例」和「七八分飽」的大原則，即能減去過多熱量攝取，而且因為沒有太嚴格框架，又能因應各種異國風味料理，相較於強硬按表操課方式，壓力會減少許多，執行力也較高，很容易掌握，隨著時間久了，慢慢就會養成了一種「生活習慣」，是一種非常適合長期穩定降脂的飲食控制方式。

　　在這本書裡面，喬尹很完美的依循以上的飲食大原則，用心設計出了許多食材多樣性的豐富料理，從西式輕食到飽足感十足的中式主餐，還有美味無負擔的低醣小西點，除了讓您不需委屈忍受飢餓感同時，依然能夠一日內規律享受飽足三餐，還能在飲控期間優雅享用療癒甜食。

　　相信已經有如此精心設計的食譜作為參考，再搭配著精美拍攝的照片，這時已期待展開一場變身女神計劃的妳，肯定已躍躍欲試。別猶豫！即使已長期習慣外食的妳，不妨和女神喬尹一起進廚房著手料理，妳將會發現逐漸變健康且美麗的自己，是由自己親手料理改變而來，成就感絕對難以言喻。

　　也別忘了有規律的作息還有訓練，更能促成美麗體態的維持，仔細跟著喬尹的健身運動教學，一起做個懂料理又能愛運動的質感女人吧！

邱筱喬（ola）／ UFC GYM 私人教練

不走捷徑，持之以恆，是瘦身最根本的辦法

多年以前和老公過著只有工作的生活，沒有留意身體健康的問題，長期偏食與甜食上癮，隨著年紀的增長，代謝變差、肌肉流失身材逐漸走樣，也常出現大小病痛，為了減肥節食少吃，卻越來越胖，因此決定和老公一起改變飲食、運動、重訓。

原來的我不太會做菜，老公重口味我挑食，因為不是專業人士，所以花費了很多時間研究思考、做功課，並且經歷了一次又一次的失敗，也嘗試了許多不成功的料理，逐漸發現其實很多平常沒有注意到的食材，經過創意巧手料理之後，能夠成為美味又營養的餐點，過程中也體會到煮菜除了療癒以外，專注享受不同食材之間擦出的火花，彷彿在廚房跳一場華爾滋，優雅、陶醉～

能順利完成這本書，非常感謝老公的大力支持，家人和好友的鼓勵打氣，教練lala 的專業知識、最重要的是 Instagram、FaceBook 上陪著我一起成長互相幫助的好夥伴們！

4 週只是個數字，我希望每位朋友能享受做菜、運動的樂趣、以及感受身體轉變的成就感，給予身體什麼，自然會相對應的回饋自己，不走捷徑，持之以恆才是最根本的辦法，開心吃，認真運動，好好休息，任何事情不過多、不過少，找尋身心靈平衡。

正在看這本書的你不孤單，因為有我陪著你一起！

喬尹 YIN

無運動日增肌料理

▌抗餓小點心

女神動感計劃：4 週健身雕塑運動組合

第一周：全身性訓練＋輕有氧
第二周：臀部和腹部加強訓練＋輕有氧
第三周：循環訓練初級班＋中有氧
第四周：循環訓練進階班＋中有氧

女神自煮計劃　早餐　午餐　晚餐

運動日增肌餐

每餐飲食攝取比例建議：蔬菜 2：蛋白質：1.5：澱粉 1

小提醒 建議餐與餐間可以補充一個拳頭大的水果唷

▌本書所使用的糖

● 赤藻醣醇（天然代糖）
有大顆粒、小顆粒、粉狀，幾乎不含熱量，升糖指數 GI=0，甜度是砂糖的 60% ～ 80%，能迅速被小腸吸收，不經代謝過程分解，不太會造成血糖大幅上升，不會有囤積的狀況，帶一點清涼口感。

● 羅漢果糖（天然代糖）
顆粒、液體，幾乎不含熱量，升糖指數 GI=0，甜度是砂糖的 200 ～ 300 倍，市面上有羅漢果和赤藻醣醇混合產品，可和砂糖比例 1：1 使用，中和羅漢果糖甜度和赤藻醣醇的清涼感！

● 椰棗蜜
膏狀，1 公克 2.6 大卡，升糖指數 GI=35，椰棗樹的果實浸泡水中煮至水分蒸發成為膏狀，含維生素、礦物質、蛋白質，方便製作醬料、沙拉醬、飲料、淋醬。

● 椰糖
顆粒狀，1 公克 3 ～ 4 大卡，升糖指數 GI=35，可取代黑糖、紅糖料理。

● 蜂蜜
膏狀，1 公克 3.2 ～ 3.3 大卡，升糖指 GI=50，含有維生素、礦物質、氨基酸、酵素。

● 楓糖
黏稠狀，1 公克 2 ～ 2.5 大卡，升糖指 GI=54，富含鈣、鎂、鉀。

● 天然水果
天然水果取代砂糖作為甜味的代替，產生的熱量比精緻糖少，水果酵素能幫助軟化肉類，口感更軟嫩，也可以和沙拉醬混合增添風味。例如：蘋果、柳橙、橘子、奇異果、草莓、梨子、檸檬、木瓜、百香果、鳳梨（少量）都是不錯的選擇。

小提醒
1 任何食物即使有益身體，也都不可過量唷（砂糖，1 公克 4 大卡，升糖 GI=100 ～ 110）！
2 書中料理及烘焙點心，所使用來取代精緻糖（砂糖）的材料，皆可在網路各大賣場可購買：IHERB、Yahoo購物中心、pchome24小時線上購物、momo購物中心、蝦皮。

▌本書所使用的澱粉
使用南瓜、芋頭、地瓜、糙米、燕米、藜麥、小米、紅豆、綠豆、五穀雜糧⋯⋯取代精緻澱粉。
義大利麵使用杜蘭小麥製成，比一般白麵條升糖指數低，較有彈性和嚼勁，消化、吸收速度較慢、可增加飽足感，和白飯相比，富含豐富蛋白質、膳食纖維、維生素等營養。
（請選擇維生素礦物質較多和富含膳食纖維為主的澱料食材。）

▌本書所使用的油品
橄欖油、苦茶油、紫蘇油、酪梨油、芥花籽油、葡萄籽油，請依照烹調習慣選擇適合的油品，盡可能使用不同品牌的油和選擇 2、3 種油輪流替換。

▌本書所使用的調味料
請儘量使用天然香料取代加工調味料，例如：鰹魚粉、香菇粉代替味精，或是香茅粉、迷迭香、百里香、肉桂粉、咖哩粉、紅椒粉、芫荽、丁香、孜然⋯等天然香料理食材。

本書調味計量單位
1 小匙 = 5ml
1 大匙 = 15ml
1 杯 = 200ml

運動日早餐 運動日午餐　運動日晚餐

水果燕麥脆片

▌ 材料

大燕麥片…130g
杏仁或其他堅果…70g
水果乾…30g
海鹽…1/8 小匙
楓糖漿…50g
酪梨油或蔬菜油、椰子油…30g
新鮮藍莓…50g

▌ 作法

1 烤箱先預熱至攝氏 180 度。
2 所有材料拌勻倒入耐熱烤盤中，放入烤箱以攝氏 180 度烤 30 分鐘至麥片酥脆，放涼後即完成。

奇亞籽牛奶布丁

▌ 材料

牛奶…130g
奇亞籽…2 大匙
新鮮水果…適量
堅果…適量

▌ 作法

1 準備一個空瓶，倒入牛奶和奇亞籽攪拌均勻，放入冰箱冷藏一晚，完成。
2 可依個人喜好加入水果、堅果。

運動日早餐 運動日午餐 運動日晚餐

牛肉豆腐起司烘蛋

▎材料（2人份）

蛋…2 顆
帕瑪森起司粉…40g
牛奶…100ml
鹽…少許

餡料
牛絞肉…100g
嫩豆腐…100g
洋蔥…1/4 顆
蒜泥…2～3 小瓣
小茴香粉…1 小匙
辣椒粉…少許
鹽…適量

配料
黑橄欖…適量
酪梨…適量
莎莎醬…適量

▎作法

1 烤箱先預熱至攝氏 190 度。
2 洋蔥切碎、蒜磨成泥，蛋和帕瑪森起司粉、牛奶、鹽攪拌均勻備用。
3 熱油鍋，倒入洋蔥和蒜泥，洋蔥炒至透明，放入牛絞肉和小茴香、辣椒粉，炒至牛絞肉變色，倒入嫩豆腐和少許鹽，拌炒均勻，關火。
4 牛肉餡料倒入鐵鑄鍋或耐熱烤容器，倒入蛋液蓋過牛肉餡料。
5 放入烤箱以攝氏 190 度烤 20～25 分鐘。
6 小心取出烘蛋放上配料，完成！

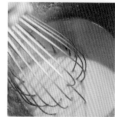

自製莎莎醬

▎材料

番茄…2 顆
小黃瓜…半支
蒜…2～3 小瓣
辣椒…1 根
洋蔥…1/2 顆
西洋香菜…適量

調味料
小茴香粉…1/2 小匙
檸檬汁…2 大匙
鹽、黑胡椒…適量

▎作法

1 番茄放入調理機打成泥、小黃瓜切小塊、洋蔥切碎、辣椒切片、蒜磨成泥備用。
2 小黃瓜、番茄、洋蔥、辣椒、蒜和所有調味料混合均勻，倒入保鮮盒，冷藏 30 分鐘以上入味，完成！

運動日早餐　運動日午餐　運動日晚餐

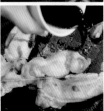

快速照燒雞腿

▍**材料**（2 人份）

去骨雞腿排…250g

調味料

日式醬油…1 大匙

味醂…1 大匙

赤藻糖醇 or 其他糖類…1 小匙

米酒…1 大匙

▍**作法**

1 所有調味料混合均勻備用。

2 平底鍋轉中小火不放油，雞皮朝下放入鍋中，煎至雞皮呈金黃色後翻面倒入調味料，蓋上鍋蓋小火燜煮 3～4 分鐘至雞肉全熟，起鍋完成。

照燒雞腿三明治

▍**材料**（1 or 2 人份）

照燒雞腿排…2 片

生菜…適量

小番茄…4～6 顆

荷包蛋…2 顆

全麥吐司…4 片

▍**作法**

1 小番茄洗淨對半切、生菜洗淨瀝乾、吐司稍微烘烤至雙面金黃、依照蛋黃熟度喜好煎荷包蛋。

2 準備一張大約吐司三倍寬、一倍長的烘焙紙鋪在砧板上，烘焙紙中心放上一片吐司，依序堆疊生菜、番茄、雞肉、荷包蛋、生菜、吐司。

3 烘焙紙左右往內包緊，上下摺成三角形往內收，翻面將收口朝下，放置 1～2 分鐘定型切半，完成。

香煎檸檬雞腿餐

▍材料（2 人份）

去骨雞腿排…250g

醃醬

醬油…2 大匙

米酒…1 大匙

椰棗蜜 or 其他糖類…1 小匙

檸檬汁…1 大匙

蒜泥…2 瓣

▍作法

1 雞腿和醃醬混合均勻，醃製 1 小時或放入冰箱醃一晚。

2 平底鍋不放油，雞皮朝下，小火煎至金黃色，翻面蓋上鍋蓋燜煎 3 ～ 5 分鐘，完成！

完美炒蛋

▍材料（2 人份）

蛋…2 ～ 3 顆

鹽…少許

牛奶…1 小匙

▍作法

1 準備一個小湯鍋，打入蛋開中火，輕輕的將蛋打散，攪拌至蛋液變濃稠後離開火源，過程中不停地攪拌防止蛋變焦或過熟，如果鍋子冷卻時請再回瓦斯爐上加熱。

2 最後攪拌至半凝固狀，加入鹽和牛奶拌勻，完成。

花椰菜起司偽薯餅餐

■ 材料（2人份）

白花椰菜⋯250g
蛋⋯2顆
披薩專用起司絲⋯50g
全麥麵包粉 or 麵包粉⋯50g
鹽⋯少許
黑胡椒⋯少許
蔥花⋯適量

■ 作法

1 花椰菜洗淨瀝乾切小塊，放入調理機打碎擠出水分、蔥切蔥花備用。

2 花椰菜擠出水分和蛋、起司絲、麵包粉、鹽、黑胡椒、蔥花放入大碗中拌勻。

3 熱油鍋，將拌好的花椰菜泥捏成小球，放入平底鍋壓成薄片，小火煎至雙面金黃，完成。

小提醒 如果沒有全麥麵包粉，可以將全麥麵包或硬質麵包烤乾，使用調理機打碎。

運動日早餐　運動日午餐　運動日晚餐

肉蛋花生全麥三明治

■ 材料（2 人份）

里肌豬肉厚片…250g（2 片）
荷包蛋…2 顆
美生菜、奶油萵苣…適量
番茄片…4 片
全麥吐司…4 片
無糖花生醬…適量

醃醬
醬油…1.5 ～ 2 大匙
鳳梨汁…0.5 ～ 1 大匙
米酒…1 大匙
蒜泥…1 瓣

■ 作法

1 里肌肉片去筋及多餘脂肪和醃醬按摩混合均勻，放置冷藏醃 10 ～ 20 分鐘。
2 生菜洗淨瀝乾、番茄切片、煎荷包蛋、吐司烤香。
3 熱油鍋，放入肉片煎熟起鍋備用。
4 砧板鋪上烘焙紙，吐司抹上花生醬，放上吐司、生菜、番茄、肉片、荷包蛋、生菜，蓋上另一片土司。
5 烘焙紙左右兩端往內包覆，收口朝上，上下兩端摺成三角形，往內摺起，最後收口朝下切一半，完成！

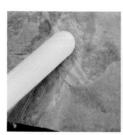

運動日早餐　運動日午餐　運動日晚餐

花生醬雞肉貝果

▋ 材料（2 人份）

雞胸肉…150g
甜椒…1/4 顆
生菜…適量
辣椒粉…少許
貝果…2 顆

醃醬

蒜泥…1 ～ 2 小辦
檸檬汁…1/2 大匙
米酒…1 小匙

醬料

無糖花生醬…1 大匙
椰奶…1 大匙
蒜泥…1 小瓣

▋ 作法

1 雞胸肉洗淨擦乾橫向切薄成 2 片，和所有醃醬抓勻放入
　保鮮盒醃製 1 小時或放入冰箱醃一晚。

2 烤箱先預熱至攝氏 200 度。

3 甜椒切絲，醬料混合拌勻，塗抹至醃好的雞胸肉上，雞
　胸肉和甜椒不重疊放置於烤盤，放入烤箱以攝氏 200 度
　烤 10 ～ 15 分鐘。

4 生菜洗淨歷乾，貝果對半切放上生菜和烤好的雞胸肉和
　甜椒，依照喜好撒上辣椒粉，完成。

黑巧克力花生燕麥棒

▌材料（2人份）

香蕉…1 支
燕麥片…100g
椰棗蜜 or 其他糖類…50g
花生粉…30g
鹽…少許
黑巧克力…50g

▌作法

1 烤箱先預熱至攝氏 180 度。

2 香蕉去皮使用叉子壓成泥，除了黑巧克力外，所以
　有材料混合均勻，準備一個長方形耐熱盤，倒入燕
　麥糊，放上剝碎的黑巧克力，放入烤箱以攝氏 180
　度烤 20 ～ 25 分鐘，放涼後切塊，完成。

洋蔥牛肩燒肉三明治

▌**材料**（2 人份）

牛肩肉片…250g
洋蔥…1/4 顆
全麥吐司…4 片

醃醬

米酒…1 大匙
黑龍日式醬油…1 大匙
味醂…1 茶匙
椰棗蜜 or 其他糖類…1 茶匙
蒜瓣…1 顆

▌**作法**

1 牛肉和醃醬抓勻放置 10 分鐘。
2 洋蔥切絲，蒜瓣磨成泥。
3 熱油鍋，洋蔥絲炒透明，加入牛
　肉片雙面炒熟，完成。

小提醒 等待時間可以煎荷包蛋、洗
　　　　　生菜、切番茄片、烤麵包

無花果牛肉法國

材料（2人份）

法國麵包…1條（或雜糧麵包）
無花果乾…適量
牛腱肉…適量（牛腱肉作法參考 p.85　食譜）
生菜…適量
牛番茄…適量

淋醬

芥末籽醬…1小匙
巴薩米克醋…1大匙
橄欖油…1小匙
鹽…少許

作法

1 法國麵包表面噴水放入烤箱烤至酥脆，牛腱肉、番茄、
無花果乾切片、生菜洗淨瀝乾。

2 淋醬混合均勻備用。

3 法國麵包切半，夾入生菜、番茄片、無花果片、淋上醬
汁完成。

小提醒 法國麵包烘烤前表面噴水，可以讓麵包不會乾硬，回
復剛烤出來的口感。

運動日早餐　運動日午餐　運動日晚餐

ricotta cheese
里考塔起司

■ 材料
牛奶…800ml
鹽…1/2 小匙
檸檬汁…1.5 大匙

■ 作法
1 牛奶倒入鍋中,中小火加熱至小滾,倒入鹽巴攪拌均勻。
2 牛奶煮至沸騰後加入檸檬汁攪拌均勻,關火放置 5 分鐘。
3 準備乾淨的豆漿袋和大碗,豆漿袋放在大碗中,倒入煮好的起司過濾,完成。

小提醒
1 起司冷藏保存大約3～4天內要吃完唷!
2 剩下的乳清水,可以做麵包,或是其他食譜代替水!也可以直接喝!

水果里考塔起司

■ 材料(1人份)
藍莓…適量
草莓…適量
香蕉…適量
里考塔起司…適量

■ 作法
1 藍莓、草莓洗淨瀝乾,香蕉切片。
2 麵包抹一層里考塔起司放上香蕉、草莓、藍莓,完成。

鮭魚起司炒蛋

■ 材料(1人份)
鮭魚…100g
鹽…少許
黑胡椒…少許
蛋…1 顆
里考塔起司…適量
蔥花…適量

■ 作法
1 烤箱預熱至攝氏 190 度,鮭魚雙面撒鹽、胡椒粉,放入烤箱以攝氏 190 度烤 12 ～ 14 分鐘烤熟。
2 鮭魚烤熟後剝成小塊備用。
3 熱油鍋,蛋打散放入鍋中,煎至底部凝固攪散成炒蛋,放入起司、鮭魚、少許鹽半拌炒,配上麵包撒上蔥花完成。

運動日早餐　**運動日午餐**　運動日晚餐

活力薑汁燒肉

▌材料（2人份）

里肌豬肉薄片…200g
洋蔥…1/2 顆
鴻禧菇…適量

醃醬
米酒…1 大匙
黑龍日式醬油…1 大匙
薑泥…2cm

調味料
味醂…1 大匙
酒…1 小匙
黑龍日式醬油…1 小匙
椰棗蜜或其他糖類…1 小匙
薑泥… 3cm

▌作法

1 里肌肉和醃醬混合均勻，醃製 10 分鐘。
2 準備一個小碗倒入所有調味料混合備用。
3 洋蔥切絲，鴻禧菇去除尾端洗淨。
4 熱油鍋，放入洋蔥絲炒透明，倒入豬肉片拌炒 10 秒，倒入調味料，炒至豬肉變色，放入鴻禧菇，收醬汁，完成。

蒜炒黑木耳花椰菜

▌材料

蒜頭…1-2 小瓣
花椰菜…1 支
黑木耳…1 ～ 3 朵
鹽…適量

▌作法

1 花椰菜洗淨切塊，蒜頭拍扁切碎，黑木耳捲起切絲備用。
2 熱油鍋，倒入蒜頭炒香，加入黑木耳、花椰菜、鹽辦炒均勻，倒入少許水，蓋上鍋蓋燜煮至花椰菜便鮮綠色，完成。

鹹蛋筍絲紅蘿蔔炒蛋

▌材料

鹹蛋…1/2 顆
紅蘿蔔… 3 ～ 4cm
煮熟綠竹筍…1 支
蒜頭…1 ～ 2 小瓣

▌作法

1 蒜頭拍扁切碎、鹹蛋白和蛋黃分開，蛋白切碎、蛋打入碗中攪散、紅蘿蔔和竹筍切絲備用。
2 熱油鍋，倒入鹹蛋黃和蒜頭炒香，加入蛋液煎至半熟，倒入紅蘿蔔、筍絲拌炒均勻，完成。

運動日早餐　**運動日午餐**　運動日晚餐

蘋果打拋豬

▌ 材料（2 ～ 3 人份）

低脂豬絞肉…350g
蒜頭…2 ～ 3 小瓣
洋蔥…1/2 顆
小番茄…8 ～ 9 顆
九層塔…適量
米酒…1 大匙

調味料

醬油…2 大匙
魚露…1 大匙
日本富士蘋果…半顆
葵果一香茅調味粉（香茅、芫荽籽、
辣椒、南瓜子、鹽）…1 小匙

▌ 作法

1 小番茄對半切、蒜頭拍扁去皮切碎、洋蔥切碎、蘋果去皮磨
　成泥或打成汁、九層塔洗淨摘下葉子。
2 熱鍋不放油，轉大火倒入絞肉，用鍋炒稍微壓平，煎至底部
　金黃色翻面，稍微搓散絞肉，沿著鍋邊倒入米酒拌炒。
3 倒入洋蔥炒至透明，加入醬油、魚露、蘋果泥、香茅粉拌炒
　均勻。
4 加入小番茄和辣椒拌炒，最後倒入九層塔炒軟，完成。

蒜炒玉米筍菠菜

▌ 材料（1 人份）

蒜頭…1-2 小瓣
菠菜…1 包（250g）
玉米筍…2 ～ 3 支
鹽…適量

▌ 作法

1 蒜頭拍扁切碎、玉米筍切片、菠菜洗淨切段（4 ～ 5cm）備
　用。
2 熱油鍋，放入蒜頭炒香，加入玉米筍和菠菜根部、鹽炒軟，
　倒入菠菜葉拌炒均勻，完成。

鳳梨糖醋雞肉丸

▌材料（2～3人份）
雞絞肉…400g
蒜頭…1～2小瓣
金針菇…1/2包
彩椒…1/2顆
青椒…1/4顆
鹽…適量

雞肉醃醬
蒜泥…2瓣
鹽麴…1大匙
胡椒…少許

調味料
白醋…3大匙
鳳梨汁…3～4大匙
番茄醬…3～4大匙
水…2.5～3大匙

▌作法
1 彩椒、青椒切塊、金針菇切碎、蒜磨成泥、1～2小瓣蒜拍扁切碎。
2 雞絞肉和金針菇、醃醬抓勻放置5～10分鐘。
3 煮一鍋水，雞肉捏成小球狀，水滾後放入雞肉丸，煮至肉丸浮起來（大約5～6分鐘），撈起備用。
4 熱油鍋，放入大蒜炒香，加入青椒、彩椒稍微拌炒，倒入雞肉丸、所有調味料，拌炒均勻，撒一些鹽調味，完成！

蒜炒玉米筍菠菜

▌材料
蒜頭…1～2小瓣
菠菜…1包（250g）
玉米筍…2～3支
鹽…適量

▌作法
1 蒜頭拍扁切碎、玉米筍切片、菠菜洗淨切段（4～5公分）備用。
2 熱油鍋，放入蒜頭炒香，加入玉米筍和菠菜根部、鹽炒軟，倒入菠菜葉拌炒均勻，完成。

小黃瓜炒蛋

▌材料
小黃瓜…1條
蛋…2顆
蒜頭…1～2小瓣

調味料
醬油…1匙
鹽…少許

▌作法
1 小黃瓜洗淨切小塊，蛋打入碗中和醬油攪拌均勻、蒜頭拍扁切碎備用。
2 熱油鍋倒入蒜頭炒香，加入小黃瓜和鹽翻炒1分鐘，倒入蛋液煎至半熟，快速翻炒完成。

運動日早餐　**運動日午餐**　運動日晚餐

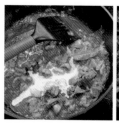

快速印度咖哩雞肉

▌ 材料（2～3人份）

咖哩材料
雞胸肉…300g
洋蔥…1/2 顆
蒜泥…1/2 大匙
薑泥…1/2 大匙
月桂葉…1 片
ORO 番茄罐…100g
水…100ml
鹽…適量

調味醬
無糖優格…40g
椰漿…50g
堅果…10 顆

調味粉
印度香料粉…1/2 小匙
薑黃粉…1/2 小匙
孜然粉…1/2 小匙
卡宴辣椒粉…1/4 小匙（可省略，也可用其他辣椒粉）
鹽…1/4 小匙

▌ 作法

1 薑和蒜磨成泥，洋蔥切碎、準備好調味粉，雞胸肉切成好入口的大小。

2 熱油鍋，倒入洋蔥小火炒 5 分鐘，炒至洋蔥微微金黃色後，加入蒜泥和薑泥炒 1 分鐘。

3 加入調味粉和月桂葉炒 20 秒，倒入雞胸肉炒 5 分鐘，加入番茄罐頭和水攪拌均勻，蓋上鍋蓋小火燜 10 ～ 15 分鐘。

4 燜煮的過程中，將調味醬放入調理機中打至滑順備用。

5 打開鍋蓋，倒入調味醬蓋上鍋蓋小火燜煮 10 ～ 12 分鐘，最後依照口味增加鹽，完成！

小提醒 如果手邊沒有印度香料粉，也可以使用市售印度咖哩粉取代唷！

印度香料粉

▌ 材料

丁香粉…1/2 小匙
肉豆蔻粉…1/2 小匙
孜然粉…1 大匙
肉桂粉…1 小匙
小豆蔻粉（綠豆蔻）…1.5 大匙
芫荽粉…1.5 小匙

▌ 作法

全部材料放入玻璃瓶中攪拌均勻，蓋上旋轉蓋保存。

油醋生菜沙拉

▌ 材料

喜歡的生菜…適量

油醋醬
英式芥末醬…1 大匙
紅酒醋…2 大匙
橄欖油…4 大匙
鹽…適量
黑胡椒…適量

▌ 作法

將油醋醬材料混合均勻，生菜洗淨瀝乾，淋上油醋醬拌勻，完成。

快速番茄牛肉

■ 材料（2 人份）
牛肩肉片…200g
洋蔥…1/4 顆
玉米筍…適量
帕瑪森起司粉…適量

醃醬
鹽…適量

調味料
ORO 番茄罐…1 罐（400ml）
牛奶…50cc
椰棗蜜…2 小匙（或其他糖類）
起司片…1 片
海鹽…少許

■ 作法
1 牛肉和少許鹽醃製 5 ～ 10 分鐘。
2 洋蔥切丁，玉米筍切小塊。
3 熱油鍋放入洋蔥丁炒透明後，倒入玉米筍炒香，放入牛肉雙面煎至變色（微微粉嫩）。
4 倒入番茄罐和牛奶、椰棗蜜、起司片，轉大火攪拌均勻，稍微收汁，試吃味道，撒少許鹽巴調整，最後撒一些帕瑪森起司粉，完成。

汆燙彩色花椰菜

■ 材料
冷凍彩色花椰菜…適量
橄欖油…少許
鹽…少許

■ 作法
使用熱水汆燙 30 秒完成解凍，撈起，拌入一些橄欖油和鹽，完成。

半熟溏心蛋（水煮版）

■ 材料
蛋…2 ～ 3 顆

■ 作法
蛋放入湯鍋中，倒入冷水淹過蛋，開大火蓋上鍋蓋煮至沸騰，打開鍋蓋轉小火，煮 4 分 50 秒撈起放入冷水中冷卻，敲碎蛋殼在水中輕輕剝除蛋殼，完成。

半熟蛋（蒸鍋版）

■ 材料
蛋…2 ～ 3 顆

■ 作法
蒸鍋裡的水沸騰後，放入蒸盤和蛋，蓋上蓋子，蒸 5 分鐘關火，燜 2 分鐘，將蒸好的蛋放入冰水裡冷卻，敲碎蛋殼在水中輕輕剝除蛋殼，完成。

運動日早餐 **運動日午餐** 運動日晚餐

味噌豆干韭菜絞肉

▋ 材料（2～3人份）

雞絞肉…300g
低脂豬絞肉…150g
韭菜…2/3 把
義美豆干…4～5 塊
蒜瓣…2～3 顆
辣椒…1 根
薑片…4～5 片

調味料

菊鶴無添加味噌…1 大匙
黑龍醬油膏…2 大匙
豆油伯醬油…1 大匙
赤藻糖醇 or 其他糖類…1 小匙
鹽…少許
米酒…1 大匙

▋ 作法

1 蒜拍扁切碎，辣椒切小段，薑去皮切片，韭菜切小段，豆干切丁備用。
2 調味料除了鹽以外全部混合均勻備用。
3 熱油鍋，薑片煎至周圍呈金黃色，放入雞絞肉和豬絞肉，慢慢搓散成小碎肉。
4 倒入辣椒和蒜炒香，加入調味料拌炒均勻，接著放入豆干和韭菜拌炒均勻，完成。

蒜炒蘑菇波菜

▋ 材料

波菜…1 把（250g）
蒜頭…1～2 小瓣
蘑菇…5～6 個
鹽…適量

▋ 作法

1 波菜洗淨瀝乾切段，蒜頭拍扁切碎，蘑菇切片備用。
2 熱油鍋，放入蒜頭炒香，加入蘑菇、波菜和鹽，加入少許水蓋上鍋蓋，燜煮至波菜變鮮綠色，拌炒均勻即完成。

運動日早餐　**運動日午餐**　運動日晚餐

蒜味咖哩烤雞肉串

▌材料（2～3人份）

雞胸肉…150g
雞腿肉…150g
青椒…1/4 顆
彩椒…1/4 顆
青蔥…1 支
鹽…少許
黑胡椒…少許

醃醬
孜然粉…1/2 小匙
咖哩粉…1/2 小匙
米酒…1 大匙
鹽…適量
蒜泥…2～3 小瓣

▌作法

1 蒜磨成泥、雞胸肉和雞腿肉切成好入口的大小和所有醃醬混合抓勻醃製 15 分鐘。
2 烤箱預熱至攝氏 200 度。
3 彩椒和青椒切塊、蔥切段，準備竹籤依照喜好串入肉和蔬菜。
4 將肉串放上烤盤，輕輕撒上少許鹽和黑胡椒，放入預熱至攝氏 200 度的烤箱中烤 18～20 分鐘，完成。

花椰菜溫沙拉

▌材料（2～3人份）

青花菜…1/2 顆
白花椰菜…1/2 顆
小番茄…3～4 顆
洋蔥…1/4 顆
鹽…1 小匙

沙拉醬
赤藻糖醇 or 其他糖類
…1 小匙
橄欖油…3～4 大匙
檸檬汁…2 大匙
鹽…適量
黑胡椒…適量

▌作法

1 洋蔥切絲泡冰水放入冰箱冷藏 10 分鐘，所有沙拉醬混合攪拌均勻備用。
2 花椰菜洗淨切小朵，番茄對半切備用。
3 湯鍋倒入冷水煮沸騰，加入鹽和花椰菜煮 2～3 分鐘撈起瀝乾。
4 準備一個大碗放入花椰菜、洋蔥、小番茄、沙拉醬拌勻，完成。

小提醒 半熟蛋作法請參照P.40。

運動日早餐　**運動日午餐**　運動日晚餐

壽喜燒蒟蒻麵

▌材料（2人份）

牛肩肉片…200g～250g
洋蔥…1/2 顆
板豆腐…80g
鴻禧菇…半包
蒟蒻絲…200g
柴魚高湯…240ml（可用其他高湯取代，但如果高湯本身有鹹味，醬油需減少用量唷）

調味料
黑龍日式醬油…4 大匙
味醂…3 大匙
赤藻糖醇 or 其他糖類…1 小匙（可用其他糖取代）

▌作法

1 豆腐切成 1～2 公分厚度、洋蔥切絲、薑磨成泥、鴻禧菇洗淨瀝乾撕開、蒟蒻絲洗淨瀝乾備用。
2 調味料全部倒在小碗中攪拌均勻。
3 熱油鍋，倒入薑泥炒香，放入蒟蒻絲炒 2～3 分鐘，放入板豆腐、洋蔥絲、鴻禧菇、牛肉片，淋上高湯和調味料，蓋上鍋蓋燜煮 5～6 分鐘。
4 打開鍋蓋，豆腐翻面煮 1 分鐘，撈起蒟蒻絲鋪在盤子下層，放上豆腐、鴻禧菇、牛肉、花椰菜、水煮蛋，完成！

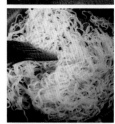
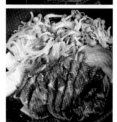

昆布柴魚高湯

▌材料

昆布…5g
柴魚…5g
水…500ml

▌作法

1 昆布 5g 泡 500ml 水，大約 30 分鐘至 1 小時。
2 昆布泡開後，鍋子放在瓦斯爐上，轉小火煮 5～6 分鐘至沸騰，取出昆布關火，倒入 5g 柴魚片，轉小火繼續煮 3～4 分鐘。
3 撈起高湯表面的浮渣，關火，準備一個空碗過濾柴魚，高湯完成！

汆燙花椰菜

▌材料

花椰菜…1 棵
鹽…適量
冰水

▌作法

1 花椰菜洗淨切成小朵，準備一碗冰水備用。
2 湯鍋倒入冷水煮沸騰，放入鹽和花椰菜煮 1～2 分鐘，撈起瀝乾放入冰水中冷卻 30 秒，完成。

小提醒

1 若喜歡軟一點的口感，花椰菜水煮時延長30秒～1分鐘。
2 半熟蛋作法請參照P.40。

馬鈴薯黑巧克力咖哩飯

▌ 材料（4 人份）

雞胸肉…300g
馬鈴薯…1 顆
黑巧克力…10 ～ 30g
蜂蜜…2 大匙
無糖優格…0.5 ～ 1 大匙
煮好的咖哩基底…4 人份
水…500cc（或是高湯）
鹽…適量

雞胸肉醃醬

米酒…1 大匙
水…1 大匙
咖哩粉…1 小匙
太白粉…1/2 小匙
鹽…適量

▌ 作法

1 雞胸肉切成好入口的大小，和所有醃醬混合均勻醃 10 ～ 15 分鐘。
2 熱油鍋，放入雞胸肉，中火翻炒雞肉變熟，起鍋備用。
3 馬鈴薯切塊，熱鍋，倒入咖哩基底，放入馬鈴薯一起拌炒。
4 倒入水、黑巧克力攪拌一下，蓋上鍋蓋小火燜煮 20 分鐘。
5 打開鍋蓋，放入炒好的雞肉，再燜煮 5 ～ 10 分鐘至馬鈴薯變軟（一樣要攪拌防底部燒焦唷）。
6 馬鈴薯變軟後，放入蜂蜜、鹽、優格調味可以試吃味道，依照喜好調整，再加咖哩粉或小茴香、小豆蔻粉、芫荽粉、肉豆蔻粉增加風味，最後稍微煮 1 ～ 2 分鐘讓味道融合～完成。

小提醒

1 雞胸肉切小塊醃一下再快速炒，非常軟嫩多汁唷！帶便當或馬上吃也可以唷！
2 煮咖哩醬時約 3 ～ 4 分鐘要打開鍋蓋攪拌一下，避免鍋底沾黏燒焦，如果覺得太乾，可以隨時增加水分來調整！
3 馬鈴薯大概需要燉煮 20 ～ 30 分鐘才會變軟，也可以事先蒸軟，再加到咖哩燉煮。
4 調味也有很多變化，加奶油、蘋果泥、其他水果調味料，可創造屬於自己的祕密咖哩唷。
5 如果不急著吃，咖哩中蘊含各式香料的香氣，放冰箱靜置一夜反而會讓咖哩風味更濃郁！
6 汆燙彩色花椰菜作法，請參照P. 40。

自製咖哩基底

▌ 材料（4 人份）

ORO 番茄醬…1 罐（400ml）
洋蔥…1 顆
薑…2 ～ 3 公分
蒜瓣…2 ～ 3 個
孜然粉…1 小匙
S&B 咖哩粉…2 大匙

▌ 作法

1 洋蔥切丁、蒜拍扁切碎、薑切碎。
2 熱油鍋，加入孜然粉炒香，倒入洋蔥、蒜、薑，小火慢炒至焦色。
3 倒入番茄罐頭，轉中火收乾水分，最後加入咖哩粉，完成。

小提醒 慢炒洋蔥至咖啡色是咖哩好吃的祕密唷！

鹽麴雞肉豆腐蛋沙拉義大利冷麵

▌材料（2 人份）

雞胸肉…300g
黑橄欖…6 ～ 8 顆
小黃瓜…1 支
小番茄…6 ～ 8 顆
煮熟的花椰菜…適量
蝴蝶義大利麵…160 ～ 180g
橄欖油…少許

雞肉醃醬
鹽麴…2 大匙

蛋豆腐沙拉醬
嫩豆腐…1 盒
水煮蛋…2 顆
第戎芥末醬…2 大匙
無糖優格…2 大匙
辣椒粉…少許
鹽…少許
黑胡椒…少許

▌作法

1 雞胸肉切成好入口的大小，和鹽麴醃製 10 ～ 15 分鐘。

2 水煮沸騰，放入義大利麵，依照包裝袋建議時間計時，撈起義大利麵放入大碗，淋上少許橄欖油拌勻放涼。

3 水煮蛋切碎和嫩豆腐、第戎芥末醬、無糖優格、調味料混合均勻備用。

4 小黃瓜切小塊、小番茄和黑橄欖對半切備用。

5 擦拭雞胸肉表面的鹽麴，熱油鍋放入雞胸肉，轉中火雙面煎至金黃，轉小火蓋上鍋蓋燜煮 2 ～ 3 分鐘至雞胸肉全熟，起鍋放涼。

6 準備大碗或鋼盆，倒入小黃瓜、小番茄、黑橄欖、花椰菜、義大利麵、蛋豆腐沙拉醬混合拌勻，最後依照喜好增加鹽或辣椒粉、黑胡椒，完成。

彩色豬肉捲

▌ 材料 （2～3 人份）

里肌豬肉薄片…250g
秋葵…10 ～ 12 支
紅蘿蔔…半根
玉米筍…5 ～ 8 根
鹽…適量
黑胡椒…適量

調味料
米酒…1 大匙
日式醬油…1 大匙
味醂…1 小匙
椰棗蜜…1 小匙（或其他糖）

▌ 作法

1 豬肉片和鹽、黑胡椒抓勻，靜置 10 分鐘。
2 調味料全部混合均勻備用。
3 秋葵洗淨，紅蘿蔔切條、玉米筍對半切。
4 滾水汆燙秋葵、紅蘿蔔、玉米筍，大約 1 分鐘撈起，秋葵放涼後去蒂。
5 肉片鋪平，秋葵、紅蘿蔔、玉米筍放在肉片邊緣捲起。
6 熱油鍋，放入豬肉捲煎至金黃色，倒入調味料翻面，讓肉捲表皮均勻
  上色，醬汁收乾，完成。

蒜炒雙色花椰菜

▌ 材料

青花菜…1/2 棵
白花椰菜…1/2 棵
蒜頭…1 ～ 2 小瓣
鹽…適量

▌ 作法

1 花椰菜洗淨瀝乾切成喜歡的大
  小，蒜頭拍扁切碎備用。
2 熱油鍋，放入蒜頭炒香，放入
  雙色花椰菜和鹽，加入少許水
  蓋上鍋蓋，燜煮至青花菜變鮮
  綠色，完成。

洋蔥玉米炒蛋

▌ 材料

蛋…2 顆
洋蔥…1/2 顆
玉米罐…1/4 罐
鹽…適量

▌ 作法

1 洋蔥切丁，蛋和鹽攪散拌勻。
2 熱油鍋倒入洋蔥丁炒至透明，
  加入蛋液煎至半熟，使用鍋鏟
  輕輕搗散，最後加入玉米粒拌
  炒均勻，完成。

豆漿鮭魚雞肉丸

材料（2 人份）

雞胸肉…150g
鮭魚…1 片
金針菇…1/2 包

豆乳起司醬

快樂牛起司片…1 片
無糖豆漿…100g
菊鶴無添加味噌…1 小匙
黑胡椒…少許

調味料

蒜泥…1 瓣
黑龍日式醬油…1 小匙
鹽、黑胡椒…少許

作法

1 金針菇切碎、蒜磨成泥、鮭魚去骨、雞肉切塊。
2 鮭魚和雞肉放入調理機打成泥。
3 金針菇、雞肉、鮭魚泥和調味料攪拌均勻。
4 將雞肉鮭魚泥搓成小球放入滾水中，約煮 4 ～ 5 分鐘，撈起備用。
5 豆漿倒入鍋中，轉小火，放入味噌、起司片，攪拌均勻。
6 最後將白醬淋在丸子上，撒一些黑胡椒，完成

小提醒 剩下的丸子分裝冷凍約可保存1個月，冷藏3～4天。

汆燙花椰菜玉米筍

材料

花椰菜…1 棵
鹽…適量
玉米筍…3 ～ 4 支
冰水…1 碗

作法

1 花椰菜洗淨切成小朵，玉米筍洗淨瀝乾，準備一碗冰水備用。
2 湯鍋倒入冷水煮沸騰，放入鹽和玉米筍、花椰菜煮 1 ～ 2 分鐘，撈起瀝乾放入冰水中冷卻 30 秒，完成。

番茄玉子燒

材料

蛋…1 顆
醬油…1/2 茶匙
小番茄…適量

作法

1 全程小火加熱！
2 小番茄切丁和蛋、醬油攪拌均勻。
3 玉子燒鍋倒入少許油，用餐巾紙塗抹均勻。
4 倒入薄薄的蛋液，搖晃均勻，等底部蛋液凝固，慢慢往自己的方向捲起，推到前端，再倒入薄薄的蛋液，接縫處要確認有沾到新的蛋液，再慢慢往自己的方向捲起。
5 約重複以上步驟 3-4 次，最後讓玉子燒站立，四面煎一下固定形狀，完成！

蒜炒菠菜

材料

蒜頭…1 ～ 2 小瓣
菠菜…1 包（250g）
鹽…適量

作法

1 蒜頭拍扁切碎、菠菜洗淨切段（4 ～ 5 公分）備用。
2 熱油鍋，放入蒜頭炒香，加入菠菜根部、鹽炒軟，倒入菠菜葉拌炒均勻，完成。

小提醒 花椰菜若喜歡軟一點的口感，水煮時可延長30秒～1分鐘。

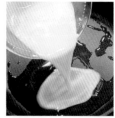

藜麥鮭魚蛋炒飯

▌ **材料**（2 人份）

鮭魚…200g
洋蔥…1/2 顆
蛋…2 顆
青蔥…1 支
糙米飯…140g ～ 160g
熟藜麥…50 ～ 80g

調味料
鹽…適量
醬油…1 小匙

鮭魚調味料
鹽…少許
黑胡椒…少許
米酒…1 大匙

▌ **作法**

1 鮭魚雙面輕輕撒上鹽和黑胡椒靜至 5 分鐘。
2 洋蔥切丁、蔥切蔥花、蛋攪散備用。
3 平底鍋中倒入少許油，放入鮭魚煎至雙面金黃，
　倒入米酒蓋上鍋蓋，小火燜煎 2 ～ 3 分鐘至鮭
　魚全熟後起鍋，鮭魚去皮和刺，使用叉子將魚
　肉分散。
4 原鍋留一些鮭魚油，開中火，倒入蛋液煎至底
　部凝固後，放入糙米飯和藜麥（藜蛋煮法參考
　運動日晚餐 P.62）炒香，加入洋蔥丁炒至透明，
　倒入鮭魚和醬油、鹽翻炒均勻，完成。

蒜炒地瓜葉

▌ **材料**

蒜頭…1~2 小瓣
地瓜葉…1 包（250g）
鹽…適量
熱水…2~3 大匙

▌ **作法**

1 蒜頭拍扁切碎、地瓜葉洗淨瀝乾備用。
2 熱油鍋，放入蒜頭炒香，加入地瓜葉，沿著鍋
　邊加入熱水和鹽，地瓜葉變軟後即可起鍋完成。

辣炒黃瓜腰果雞肉

▌材料（2～3 人份）

雞胸肉…300g
小黃瓜…1 根
蒜頭…2～3 小瓣
二荊條辣椒乾…適量
大紅袍花椒粒…適量
腰果…適量

醃醬

豆油伯醬油…1 大匙
椰棗蜜…1 小匙（或其他糖）
鹽…少許
米酒…1 大匙

調味料

鹽…少許

▌作法

1 雞胸肉切成好入口的大小，和所有醃醬抓勻放置 10 分鐘。
2 小黃瓜洗淨切成小塊，蒜頭拍扁切碎。
3 熱油鍋倒入醃好的雞胸肉，炒至 7～8 分熟起鍋備用。
4 鍋子稍微洗淨，倒入少許油和花椒粒，煎至起小泡泡後撈起花椒粒。
5 放入大蒜和乾辣椒炒香，倒入小黃瓜和炒好的雞胸肉一起拌炒，加入鹽和腰果，完成。

蒜炒蘑菇波菜

▌材料

波菜…1 把（250g）
蒜頭…1～2 小瓣
蘑菇…5～6 個
鹽…適量

▌作法

1 波菜洗淨瀝乾切段，蒜頭拍扁切碎，蘑菇切片備用。
2 熱油鍋，放入蒜頭炒香，加入蘑菇、波菜和鹽，加入少許水蓋上鍋蓋，燜煮至波菜變鮮綠色，拌炒均勻即完成。

半熟溏心蛋（水煮版）

▌材料

蛋…2～3 顆

▌作法

蛋放入湯鍋中，倒入冷水淹過蛋，開大火蓋上鍋蓋煮至沸騰，打開鍋蓋轉小火，煮 4 分 50 秒撈起放入冷水中冷卻，敲碎蛋殼在水中輕輕剝除蛋殼，完成。

半熟蛋（蒸鍋版）

▌材料

蛋…2～3 顆

▌作法

蒸鍋裡的水沸騰後，放入蒸盤和蛋，蓋上蓋子，蒸 5 分鐘關火，燜 2 分鐘，將蒸好的蛋放入冰水裡冷卻，敲碎蛋殼在水中輕輕剝除蛋殼，完成。

韭菜起司蝦餅

▌材料（2人份）

蝦仁…70g
透抽…100g
韭菜…1/2 包
紅蘿蔔…30g
蛋…1 顆
帕瑪森起司絲…1 大匙
披薩專用起司絲…70g
黑胡椒…適量

▌作法

1 蝦仁剁碎、透抽切小塊、韭菜切段、紅蘿蔔切絲。
2 蝦仁、透抽、韭菜、紅蘿蔔、蛋、起司粉、起司絲、黑胡椒拌勻。
3 平底鍋中放少許油，使用湯匙挖取蝦餅餡放入鍋中壓成圓扁狀，小火慢煎至雙面金黃，完成。

小提醒 可以留取約1/4的蝦仁不切碎，增加口感層次。

蒜炒玉米筍菠菜

▌材料

蒜頭…1 ～ 2 小瓣
菠菜…1 包（250g）
玉米筍…2 ～ 3 支
鹽…適量

▌作法

1 蒜頭拍扁切碎、玉米筍切片、菠菜洗淨切段（4 ～ 5cm）備用。
2 熱油鍋，放入蒜頭炒香，加入玉米筍和菠菜根部、鹽炒軟，倒入菠菜葉拌炒均勻，完成。

辣炒高麗菜

▌材料

蒜頭…1 ～ 2 小瓣
辣椒…1 支
高麗菜…1/2 顆
鹽…適量

▌作法

1 蒜頭拍扁切碎、辣椒切片、高麗菜手撕成小塊。
2 熱油鍋，倒入蒜頭和辣椒炒香，倒入高麗菜和鹽拌炒均勻，蓋上鍋蓋燜煮 1 ～ 2 分鐘，完成。

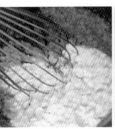

藜麥豆腐千層麵

▌材料（2～3人份）

熟藜麥…200 ～ 250g
披薩專用起司絲…適量
快樂牛起司片…1 片
花椰菜…適量

紅醬層
雞絞肉…150g
蒜頭…1 小瓣
洋蔥…1/4 顆
蘑菇…4 ～ 5 朵
市售義大利麵醬…1 杯

白醬層
嫩豆腐…1 盒
水煮蛋…2 顆
帕瑪森起司粉…30g
義大利香料粉…適量

▌作法

1 花椰菜洗淨切小朵、洋蔥切丁、蒜頭拍扁切碎、蘑菇切片備用。
2 水煮蛋切碎和豆腐、起司粉、義大利香料攪拌均勻備用。
3 熱油鍋放入蒜、洋蔥炒至透明，加入蘑菇拌炒，倒入雞絞肉和義大利麵醬拌炒 2 分鐘，起鍋備用。
4 烤箱預熱至攝氏 180 度。
5 準備耐烤盤，鋪一層熟藜麥飯，再鋪一層紅醬層，放上花椰菜，鋪一層白醬層，最上層放在起司絲和撕成小塊的起司片，放入烤箱以攝氏 180 度烤 30 ～ 35 分鐘至起司表面金黃，完成。

小提醒 煮藜麥飯，藜麥1：水2，水和生藜麥放入小鍋中攪拌，開小火煮15分鐘，蓋上鍋蓋燜5分鐘，完成。

檸檬椒麻雞

▊ 材料（2 人份）

雞腿排…2 片
高麗菜絲…1/2 顆
香菜…適量

醃醬

米酒…1/2 大匙
蒜泥…1 小辦
薑泥…1 公分
黑胡椒…少許

醬汁

魚露…1 大匙
醬油…1 大匙
蜂蜜 or 其他糖類
…1 小匙
溫水…1 大匙
檸檬汁…2 大匙
柳丁汁…1 大匙
蒜末…2～3 小辦
辣椒末…1 支
花椒油…少許

▊ 作法

1 雞腿排和醃醬抓勻醃 10 分鐘。
2 所有醬汁混合均勻備用。
3 高麗菜切絲浸泡冰水 5 分鐘瀝乾備用。
4 平底鍋中不放油，雞皮朝下小火乾煎至雞皮金黃色翻面，蓋上鍋蓋燜煎至全熟，起鍋備用。
5 準備空盤鋪上高麗菜絲、放上雞腿排，最後淋上醬汁，撒上香菜完成。

自製花椒油作法

熱油鍋放入花椒粒，小火煎至花椒變色，取出花椒粒，將剩下花椒油放入小碗備用。

小提醒

1 如果沒有花椒油，可以動手自己做唷！
2 煎雞皮過程中，會釋出大量雞油，可以使用餐巾紙稍微擦拭多餘的油脂。

辣炒香茅空心菜

▊ 材料

蒜頭…1～2 小瓣
辣椒…1 支
空心菜…250g

調味料

葵果香茅調味粉…1 小匙

▊ 作法

1 蒜頭拍扁切碎、辣椒切片、空心菜的葉和根分開洗切段備用。
2 熱油鍋，倒入蒜頭和辣椒炒香，加入空心菜根莖炒至微軟，倒入空心菜葉和香茅調味粉翻炒均勻，完成。

運動日早餐　運動日午餐　**運動日晚餐**

彩椒起司雞肉捲

▎材料（2 捲）

雞胸肉…300g
起司片…2 片
彩椒…1/2 顆

醃醬
米酒…1 大匙
清水…1 大匙
檸檬汁…1/2 大匙
鹽…1/4 小匙

調味料
黃芥末醬…1 大匙
蜂蜜…1 小匙

▎作法

1 雞胸肉橫切成書本狀攤平，雞肉鋪上一張烘焙紙，使用桿麵棍敲打變薄和醃醬混合均勻，醃製 15 ～ 20 分鐘。
2 醃好的雞胸肉攤平，塗上調味料，放上起司和彩椒捲起，使用牙籤穿入雞肉邊緣固定。
3 烤箱預熱至攝氏 200 度。
4 平底鍋放入少許油，轉中大火，放入雞肉捲，煎至雞肉周圍表層金黃色，起鍋放在烤盤上，以攝氏 200 度烤 10 分鐘，取出牙籤切片，完成。

香煎蘑菇油醋沙拉

▎材料

生菜…適量
蘑菇…4 ～ 5 個
蒜頭…1 小瓣

沙拉醬
蒜泥…1 ～ 2 小瓣
橄欖油…3 ～ 4 大匙
白酒醋或白醋…2 大匙
鹽…適量
黑胡椒…適量

▎作法

1 所有沙拉醬混合均勻備用。
2 蒜頭和蘑菇切片、生菜洗淨。
3 熱油鍋放入蒜片煎香，加入蘑菇煎至金黃色，起鍋備用。
4 生菜放入大碗中和沙拉醬、蘑菇拌勻，完成

紅燒香菇雞腿

▌ 材料（2～3人份）

帶骨雞腿…2 大隻
乾香菇…適量
蔥…2 根
薑…6～7 片
蒜頭…2 瓣

醃醬

醬油…2 大匙
米酒…1 大匙
蒜泥…2 瓣

調味料

米酒…2 大匙
醬油…2 大匙
冰糖…3～4 顆
香菇水…150～200cc

▌ 作法

1 乾香菇泡冷水 15～30 分鐘。
2 雞腿和醃醬混合均勻，醃 20～30 分鐘或放入冰箱冷藏醃一晚。
3 薑切片、蔥白蔥綠分開，蔥白切段，蔥綠切蔥花，蒜頭拍碎。
4 熱油鍋，放入薑片、蔥白、蒜，炒至金黃色，放入醃好的雞肉，雞皮朝下，中火煎至脆皮翻面再煎30秒。
5 倒入所有調味料、乾香菇，和雞肉混合均勻，小火蓋上鍋蓋燜煮 20 分鐘～30 分鐘。
6 打開鍋蓋，中大火稍微收汁，放入蔥花，完成！

小提醒 去骨雞腿燜煮時間可以縮短一些，大約10分鐘～15分鐘。

蒜炒鴻喜菇菠菜

▌ 材料　約 2 人份

蒜頭…1～2 小瓣
菠菜…1 包（250g）
鴻喜菇…1/2 包
鹽…適量

▌ 作法

1 蒜頭拍扁切碎、鴻喜菇去除尾端撕開、菠菜洗淨切段（4～5cm）備用。

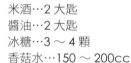

2 熱油鍋，放入蒜頭炒香，加入鴻喜菇和菠菜根部、鹽炒軟，倒入菠菜葉拌炒均勻，完成。

運動日早餐　運動日午餐　**運動日晚餐**

快速獵人燉雞

材料（2～3人份）

雞胸肉…300g
甜椒…1/2 顆～1 顆
洋蔥…1/2 顆
蒜頭…1 小瓣
黑橄欖…50g

ORO 去皮番茄罐…1 罐（400ml）
市售義大利麵醬…350cc
鹽…1/4 小匙
黑胡椒…適量

作法

1. 洋蔥切丁、蒜頭拍扁切碎、甜椒切絲、黑橄欖對切。
2. 熱油鍋，倒入洋蔥、蒜炒至洋蔥透明，加入甜椒稍微拌炒，倒入番茄罐和義大利麵醬、鹽、黑胡椒、黑橄欖辦炒均勻。
3. 放入雞胸肉，蓋上鍋蓋小火燜煮 10 分鐘，翻面再燜煮 8 ～ 10 分鐘，完成。

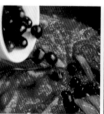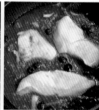

檸香花椰菜飯

材料

白花椰菜…300g
蒜頭…1 小瓣
鹽…適量
西洋香菜或羅勒…適量
黃檸檬皮…1/2 顆

作法

1. 花椰菜切塊，使用調理機打碎，蒜頭拍扁切碎，檸檬洗淨，輕輕削檸檬皮黃色部分。
2. 熱油鍋放入蒜炒香，加入白花椰菜和鹽小火炒 3 ～ 5 分鐘，最後加入檸檬皮拌炒 30 秒，完成。

蘋果腰內豬香蔥馬鈴薯

▍材料（2人份）

豬腰內肉…1 條
（豬小里肌肉）
洋蔥…1/2 顆
日本富士蘋果…1 顆
鹽…適量
黑胡椒…適量
新鮮百里香…適量
（或乾燥百里香）

抹醬

蜂蜜 or 椰棗蜜…2 大匙
芥末醬…1 大匙
蜂蜜檸檬醋…1 小匙（或
其他果醋）

▍作法

1 洋蔥切絲、蘋果去皮去籽切片、
新鮮百里香去梗留下葉子切碎。
2 所有抹醬混合均勻、烤箱先預熱
至攝氏 200 度。
3 大火熱油鍋，放入豬肉，豬肉四
周煎金黃鎖住水分，轉中小火倒
入洋蔥、蘋果、百里香、鹽、黑
胡椒，蘋果煎至金黃色翻面。
4 豬肉先拿起放置烤盤上，剩下的
洋蔥和蘋果一起炒至洋蔥透明。
5 洋蔥、蘋果和豬肉一起放在烤盤
上，蘋果均勻鋪平不重疊。
6 放入烤箱以攝氏 200 度烤 13 ～
15 分鐘。
7 烤完後取出，室溫靜置 10 分鐘，
利用餘溫讓豬肉更熟成肉汁更
多！
8 豬肉切片，沾一點點芥末籽醬點
綴，完成。

小提醒 隔壁空間順便烤球芽甘藍。

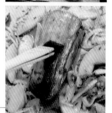

香蔥優格奶油馬鈴薯泥

▍材料

澳洲馬鈴薯…3 顆
（小）全聯購入
青蔥…1 支

調味料
溶化奶油…5g
無糖優格…1 大匙
鹽、黑胡椒…適量

▍作法

1 馬鈴薯切半或切小，準備一鍋水，放
入馬鈴薯煮至筷子可以輕鬆插入。
2 蔥洗淨切蔥花、溶化奶油。
3 煮軟的馬鈴薯去皮放入碗中，慢慢壓
扁至喜歡的大小，倒入奶油、無糖優
格、鹽、黑胡椒、蔥花，攪拌均勻，
完成。

小提醒

1 馬鈴薯也可以用蒸的。
2 可以依照喜歡的口味調整酸度和奶油用
量。

烤球芽甘藍

▍材料

球芽甘藍…8 ～ 10 顆

調味料
蒜頭…2 ～ 3 小瓣
橄欖油…1 ～ 2 大匙
乾燥百里香…適量
鹽…適量
黑胡椒…適量
檸檬汁…1/4 顆

▍作法

1 烤箱先預熱至攝氏 200 度。
2 蒜切片和橄欖油混合，靜置 1 分鐘。
3 將球芽甘藍洗淨切半和大蒜橄欖油、乾
燥百里香、黑胡椒充分攪拌均勻，放入
烤盤中（可以和蘋果腰內豬一起烤）。
4 放進烤箱以攝氏 200 度烤 13 ～ 15 分鐘。
5 烤熟以後灑上鹽和檸檬汁拌勻完成！

山葵橙汁雞丁

▎材料（2～3 人份）

雞胸肉…250g
青蔥…1 支

醃醬

柳橙汁…3 大匙
蒜泥…1～2 小瓣
鹽…1/4 小匙
黑胡椒…適量
辣椒粉…1/4 小匙

調味料

100% 無添加山葵醬…1 小匙
柳橙汁…1 大匙
白醋…1 大匙

▎作法

1 蒜磨成泥，雞胸肉切成好入口的大小，和醃醬抓勻醃 20～30 分鐘。
2 蔥切蔥花，所有調味料倒入碗中混和均勻。
3 熱油鍋，轉中火放入雞胸肉，約 2～3 分鐘煎至雞丁表面呈金黃色，倒入調味料快速翻炒收汁，最後撒上蔥花，完成。

香茅空心菜

▎材料

蒜頭…1-2 小瓣
空心菜…250g

調味料

香茅調味粉…1 茶匙

▎作法

1 蒜頭拍扁切碎、空心菜的葉和根分開洗切段備用。
2 熱油鍋，倒入蒜頭炒香，加入空心菜根莖炒至微軟，倒入空心菜葉和香茅調味粉翻炒均勻，完成。

辣炒高麗菜

▎材料

蒜頭…1～2 小瓣
辣椒…1 支
高麗菜…1/2 顆
鹽…適量

▎作法

1 蒜頭拍扁切碎、辣椒切片、高麗菜手撕成小塊。
2 熱油鍋，倒入蒜頭和辣椒炒香，倒入高麗菜和鹽拌炒均勻，蓋上鍋蓋燜煮 1～2 分鐘，完成。

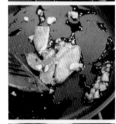

三杯透抽杏鮑菇

▌材料（2人份）

透抽…200～250g
杏鮑菇…2 支
蒜頭…2～3 小瓣
老薑…2～3 公分
九層塔…適量
辣椒…1 支

調味料

麻油…2 大匙
黑龍醬油膏…1 大匙
米酒…2 大匙
水…2 大匙

▌作法

1 透抽洗淨瀝乾切條、杏鮑菇滾刀切塊、蒜頭拍扁切碎、薑切片、辣椒切片備用。
2 平底鍋倒入麻油，放入薑片以小火煎至金黃，倒入蒜末拌炒，加入杏鮑菇炒出水分，倒入透抽和醬油膏拌炒均勻，加入米酒、水、辣椒大火收汁，最後放入九層塔拌炒，完成。

蒜炒波菜

▌材料

蒜頭…1～2 小瓣
波菜…250g
鹽…適量

▌作法

1 蒜頭拍扁切碎、波菜的葉和根分開洗切段備用。
2 熱油鍋，倒入蒜頭炒香，加入波菜根莖炒至微軟，倒入波菜葉和鹽翻炒均勻，完成。

番茄板豆腐

▌材料

板豆腐…1/2 盒
小番茄…4～5 小顆
蔥花…適量

調味料

醬油…1 茶匙
米酒…1/2 茶匙

▌作法

1 小番茄對半切、板豆腐切小塊備用。
2 熱油鍋放入板豆腐煎至雙面微微金黃色，倒入調味料和小番茄，蓋上鍋蓋燜煮2～3分鐘，撒上蔥花，完成。

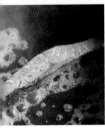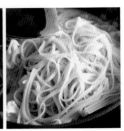

花椰菜豆漿鮭魚白醬義大利麵

材料（2人份）

鮭魚…200g
花椰菜…1/2～1顆
蘑菇…4～6朵
洋蔥…1/4顆
起司片…3～4片
蛋黃…1～2顆
起司粉…1～2大匙
無糖豆漿…200ml
鹽…適量
黑胡椒…適量
米酒…1大匙

義大利麵…160～180g
煮麵水…1000ml
鹽…10g

作法

1 鮭魚雙面均勻撒上鹽和黑胡椒，洋蔥切丁、蘑菇切片、花椰菜洗淨瀝乾切塊。

2 平底鍋不放油中火乾煎鮭魚至雙面金黃，沿著鍋邊倒入米酒1大匙，約6～7分熟時起鍋，稍微放涼去除魚皮和魚刺，使用叉子剝成塊狀備用。

3 準備深鍋倒入1000cc的水煮滾，放入義大利麵條和鹽，攪拌一下防止麵條沾黏，依照喜好或包裝袋建議增減煮麵時間。

4 煮麵的同時，熱油鍋倒入洋蔥丁炒至透明，加入花椰菜和蘑菇拌炒，放入起司片和無糖豆漿煮至微滾，加入煮好的義大利麵條和1～3勺煮麵水，撒入起司粉攪拌收汁，最後放入蛋黃均勻裹上麵條，完成。

油醋生菜沙拉

材料

喜歡的生菜…適量

油醋醬
英式芥末醬…1大匙
紅酒醋…2大匙
橄欖油…4大匙
鹽…適量
黑胡椒…適量

作法

將油醋醬材料混合均勻，生菜洗淨瀝乾，淋上油醋醬拌勻，完成。

女神自煮計劃

無運動日減脂餐

每餐飲食攝取比例建議：蔬菜 3：蛋白質 1：澱粉 0.5

小提醒 建議餐與餐間可以補充一個拳頭大的水果唷！

早餐　午餐　晚餐

無運動日早餐　無運動日午餐　無運動日晚餐

雞胸肉蛋蔬菜全麥蔥捲餅

▌材料

全麥蔥油餅…2 片
蛋…2 顆

包料
熟雞胸肉…適量
生菜…適量
小番茄…5 ～ 6 顆

調味料
巴薩米克醋…1/2 小匙
橄欖油…1 茶匙
鹽…少許
黑胡椒粉…少許

▌作法

1 小番茄切碎和調味料拌勻靜置 10 ～ 15 分鐘。
2 生菜洗淨瀝乾、雞胸肉撕成小塊。
3 平底鍋倒入油，使用餐巾紙塗抹均勻，放入全麥餅皮，雙面煎至金黃色，取出備用。
4 鍋中倒入蛋液蓋上餅皮，蛋熟了以後起鍋！
5 煎好的蛋餅放在砧板上，放上生菜、小番茄、雞胸肉捲起，切小段完成。

少油全麥蔥油餅

▌材料（2 ～ 3 人份）

中筋麵粉…210g
全麥麵粉…240g
熱水…200ml
冷水…100ml
海鹽…8g
蔥花…適量
玄米油或其他油…適量

小提醒

1 可以依照想吃的份量分割數量。
2 吃不完的餅皮，桿好後放在冷凍庫保存，下次直接入鍋煎就可以！或是一次全部煎好冷凍保存也可以！

▌作法

1 熱水、冷水、混合，放入鹽融化。
2 混合好的溫水分次慢慢倒入麵粉中，用叉子攪拌炒雪片狀，用手稍微搓揉至碗中無麵粉，蓋上保鮮膜鬆弛 20 分鐘。
3 桌面倒少許油，搓揉麵糰 2 分鐘至光滑，再蓋上保鮮膜鬆弛 30 分鐘。
4 麵糰分割成 13 等份，桿成長橢圓型，撒上蔥花捲起。
5 作好 13 個蔥捲後，搓成長條型，像捲麻花一樣扭轉麵糰，先平面捲 2 ～ 3 圈，再慢慢往上捲起，尾巴往內塞住拍扁，放入保鮮盒，冷藏鬆弛一個晚上。
6 桌面鋪一層保鮮膜或烘焙紙，撒上一些低筋麵粉防沾黏，放上全麥蔥餅再撒一點點粉，用桿麵棍桿成喜歡的厚薄度，就可以準備煎囉！
7 平底鍋倒入油轉中火，用餐巾紙抹勻油，放入蔥油餅皮，搖晃平底鍋，防止沾黏，大約 1 分鐘後翻面，再 1 分鐘後翻面，煎至喜歡的焦度，起鍋！

無運動日早餐　　無運動日午餐　　無運動日晚餐

蔬菜墨西哥捲餅 牛腱肉起司蛋餅

▍材料（1人份）

墨西哥餅皮…1 片
蛋…1 顆
快樂牛起司片…1 片

餡料
牛腱肉、生菜、小黃瓜、蔥段、番茄片、簡易甜麵醬（可隨喜好變化）

▍作法

1 鍋中倒入油，使用餐巾紙塗抹均勻，放入全麥餅皮，雙面煎至金黃色，取出備用。
2 鍋中倒入蛋液和起司片，蓋上餅皮，蛋熟了以後起鍋！
3 煎好的蛋餅放在烘焙紙上，左右兩端留一些空間，放上喜歡的配料，捲起，左右兩邊捲緊，切一半完成。

小提醒 如果太餓，直接省略切一半，扒開捲餅的上衣（烘焙紙）開動吧！

簡易甜麵醬

▍材料

醬油…2 小匙
椰棗蜜…2 小匙
or 赤藻糖醇

▍作法

椰棗蜜和醬油倒入小鍋中，轉小火加熱，途中不停攪拌，避免燒焦，醬汁起大泡泡時，關火放涼（煮越久會越濃稠，醬汁放涼後會變成膏狀！）！

墨西哥餅皮

▍材料

中筋麵粉…210g
（或全麥麵粉）
鹽…1 小匙
無鋁泡打粉…1 小匙
溫水…170 ～ 180ml

▍作法

1 麵粉、鹽、泡打粉混合均勻。
2 分 2 ～ 3 次慢慢倒入溫水攪拌成團，用手搓揉至不沾黏！
3 蓋上濕布或保鮮膜，鬆弛 20 ～ 30 分鐘。
4 麵糰分割六等份，搓揉成圓形，麵糰表面撒一點低粉，慢慢桿秤圓形！
5 熱鍋，放入麵皮雙面煎至金黃色，完成！

小提醒

1 如果麵糰搓揉一陣子後還是很黏手，可以再加一些中筋麵粉（全麥麵粉）！
2 也可以桿平麵糰後，用鍋蓋或其他圓形的器具壓成比較圓的形狀！
3 加入泡打粉可以增加膨脹有彈性口感，如果不添加泡打粉，可改成冷水150ml、橄欖油10ml，鬆弛時間延長至40～50分鐘。

牛腱肉

▍材料

牛腱肉…3 塊
薑片…10 片
蔥…4 支
番茄…1 ～ 3 顆

調味料
醬油…150cc
米酒…150cc
鹽…1 茶匙
市售滷包…1 包
水…約 1000cc
（蓋過牛肉即可）

▍作法

1 蔥切段、薑切片、番茄切 8 塊。
2 將牛腱肉放入冷水中慢煮至微滾，撈起備用。
3 熱油鍋，加入薑片煎至金黃色，放入蔥段、番茄拌炒，倒入醬油、米酒微滾後關火。
4 準備一個大鍋，放入牛腱、滷包、倒入滷汁、鹽，倒入水蓋過牛肉，蓋上鍋蓋，小火慢煮 1 ～ 1.5 小時，關火，鍋蓋打開或半開，浸泡 6 個小時，切片完成。

小提醒

1 也可以稍微放涼放入保鮮盒冷藏浸泡1～2天。
2 吃不完的牛腱肉可以切片或整塊分裝好，放入冷凍保存。

無運動日早餐　　無運動日午餐　　無運動日晚餐

辣味咖哩蝦捲餅

材料（1～2人份）
Costco 去殼大蝦仁…8～9 隻
墨西哥餅皮（p.85）…2 片
小番茄…5～8 顆
大蒜泥…1 小瓣
S&B 咖哩粉…1/2 小匙
卡宴辣椒粉…少許（可替換其他辣椒粉）
鹽、黑胡椒…少許
生菜…適量

作法
1. 蝦子退冰洗淨瀝乾，和蒜泥、咖哩粉、辣椒粉、鹽、黑胡椒混合均勻，放置 10 分鐘。
2. 小番茄洗淨擦乾，對半切。
3. 熱油鍋放入蝦子，雙面煎熟，放入小番茄拌炒變軟，起鍋。
4. 完成的蝦子和生菜、酪梨醬，搭配餅皮一起食用，完成。

蒜味酪梨醬

材料
酪梨…1 顆（小顆酪梨需要 2 顆）
紫洋蔥…1/2 顆
蒜頭…1 小瓣
牛番茄…1/2 顆
西洋香菜…適量

調味料
檸檬汁…1/2 顆
小茴香…1/4 小匙
卡宴辣椒粉…1/4 小匙（可替換其他辣椒粉）
鹽…少許

作法
1. 洋蔥切碎、蒜磨成泥狀、番茄切小塊，香菜切碎備用。
2. 酪梨從中線垂直劃一圈，用手輕輕轉開後去籽（可以用刀子卡在籽上轉動一下去籽），準備一個大碗，用湯匙挖酪梨果肉放入大碗中。
3. 酪梨先和檸檬汁攪拌均勻防止氧化變色，倒入小茴香、辣椒粉、鹽、洋蔥、蒜、番茄、香菜全部混合均勻。
4. 放入保鮮盒蓋上蓋子，放置冷藏 30 分鐘，讓食材和調味料充分融合會更好吃唷！

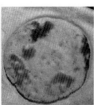

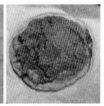

烤時蔬披薩＋地瓜燕麥餅皮

▌材料（2 人份）

地瓜燕麥餅皮
熟地瓜…300g
燕麥粉…85g
海鹽…1/4 小匙

時蔬披薩材料
番茄蔬菜醬…4 大匙
（可用市售義大利麵醬代替）
波菜…適量
紫洋蔥…1/2 顆
彩椒…1/3 顆
蘑菇…3 ～ 4 顆
蒜頭…2 ～ 3 小瓣
辣椒…1 根

調味料
鹽…適量
黑胡椒…適量
義大利香料…適量
檸檬汁…少許
橄欖油…少許

▌作法

1 烤箱先預熱至攝氏 200 度。
2 燕麥粉過篩和地瓜泥混合均勻。
3 分割成兩份，搓成圓球狀拍扁，慢慢按壓成喜歡的大小和形狀，放入預熱好的烤箱，以攝氏 200 度烤 12 ～ 15 分鐘。
4 洋蔥切絲、蘑菇切片、蒜拍扁切碎、彩椒去籽切條狀、辣椒切片、波菜洗淨切段。
5 準備一個大碗放入洋蔥、蘑菇、蒜、彩椒，加入所以有調味料混合均勻。
6 將烤好的地瓜餅皮從烤箱取出，底部塗抹番茄蔬菜醬依序放上波菜、調味好的蔬菜、起司、辣椒片，再放入烤箱以攝氏 200 度烤 10 分鐘，完成！

小提醒 燕麥粉是使用未熟化的燕麥粉唷！未熟化的燕麥粉也可以製作麵條、包子、吐司、饅頭、餅皮等，可以在網路拍賣購入。

蕃茄蔬菜醬

▌材料

西洋芹…適量（約 1 包）
蕃茄（牛番茄、小番茄、黑柿蕃茄都可）…5 ～ 6 顆
紅蘿蔔…1/2-1 支
甜椒…1 顆
洋蔥…1 顆
蒜…2 ～ 4 瓣

調味料
肉豆蔻…1 茶匙
紅椒粉…1 茶匙
月桂葉…1 片
鹽…1/4 茶匙

▌作法

1 蕃茄、甜椒蕃茄切塊，使用調理機打成泥。
2 洋蔥、紅蘿蔔、芹菜切丁、蒜頭切碎。
3 熱油鍋，放入蒜頭炒香，倒入洋蔥、紅蘿蔔、芹菜，炒至洋蔥透明變軟。
4 倒入甜椒蕃茄泥和少許水，放入所有調味料攪拌均勻，蓋上鍋蓋轉小火悶煮 30 分鐘。
5 30 分鐘後，打開鍋蓋放涼，倒入調理機打碎，分成小包裝或放在保鮮盒，冷藏或冷凍保存！

小提醒

1 冷藏約可保存 1 週，冷凍約 3 個月。
2 完成的蔬菜番茄醬，可以使用調理機再打一次，讓醬汁更細緻

無運動日早餐　無運動日午餐　無運動日晚餐

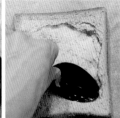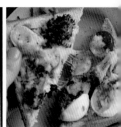

鮪魚起司全麥土司

▌材料（2 人份）

洋蔥…1/4 顆
小番茄…適量
水煮蛋…2 顆
水煮花椰菜…適量
披薩專用起司絲…適量
莫札瑞拉起司…適量（costco 購入）
厚片全麥土司…1 片

鮪魚餡料

水煮鮪魚…1 罐
美式黃芥末醬…1 小匙
無糖花生醬…1 ～ 2 小匙
赤藻糖醇 or 其他糖類…1 小匙
檸檬汁…少許
玉米粒…適量
黑胡椒…適量
鹽…適量

▌作法

1 烤箱預熱至攝氏 180 度。
2 魚罐頭倒出水分和調味料、玉米粒混合均勻。
3 使用湯匙將土司周圍和中間壓扁（如果沒有買到厚片土司，可以兩片薄土司堆疊）。
4 放上起司、鮪魚、蔬菜，最上層鋪上起司絲和黑胡椒適量。
5 放入烤箱烤 10 ～ 12 分鐘，烤到上層起司融化即可！

無運動日早餐　　無運動日午餐　　無運動日晚餐

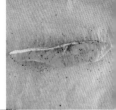

鮭魚起司歐姆蛋

▌材料（2 人份）

鮭魚…200g
雞蛋…3 顆
牛奶…50ml
起司片…1 片
馬札瑞拉起司…適量
鹽…適量
黑胡椒…適量
生菜…適量

▌作法

1 烤箱預熱至攝氏 190 度，鮭魚雙面撒上少許鹽和黑胡椒，放入烤箱
  以攝氏 190 度烤 13 ～ 15 分鐘。

2 備一個鋼盆或大碗，打入蛋和少許鹽，使用攪拌器將蛋黃和蛋白充
  分融合。

3 平底鍋倒入少許油轉小火，倒入蛋液體搖晃鍋子，使蛋液分布均勻，
  小火煎至底部稍微凝固後，均勻鋪上馬札瑞拉起司和起司片，關火
  蓋上鍋蓋燜 1 ～ 2 分鐘，打開鍋蓋，使用鍋鏟輕輕將歐姆蛋捲起。

4 準備空盤，放上歐姆蛋、鮭魚、生菜，完成。

小提醒 可以依照對蛋熟度的喜好調整時間唷！

蜂蜜檸檬油醋醬

▌材料

蜂蜜…1 小匙
橄欖油…3 ～ 4 大匙
檸檬汁…2 大匙
鹽…適量
黑胡椒…適量

▌作法

全部材料混合均勻。

無運動日早餐　　無運動日午餐　　無運動日晚餐

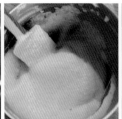

奶油菇舒芙蕾歐姆蛋

▌ 材料（1～2 人份）

舒芙蕾歐姆蛋材料
蛋…2 顆
無鹽奶油…1 小塊（或以橄欖油取代）

奶油菇醬
蒜頭…1 小瓣
鴻禧菇…半包
牛奶…50g
起司片…1 片
鹽、黑胡椒…少許

配菜
生菜…適量
小番茄…適量

▌ 作法

1 蒜切片、鴻禧菇去尾洗淨。
2 熱油鍋，蒜炒香倒入鴻禧菇炒軟，倒入牛奶、起司片攪拌均勻，
　煮至沸騰後，關火起鍋備用。
3 蛋白和蛋黃分開，蛋白倒入無油無水乾淨的大碗中，蛋黃放入
　小碗。
4 蛋黃加入少許鹽，攪散備用。
5 蛋白使用電動攪拌器打至硬性發泡（蛋白尖端呈現直挺狀）。
6 蛋黃和打發的蛋白輕輕攪拌均勻。
7 開火，鍋中放一小塊奶油，搖晃融化均勻分布鍋中，倒入蛋糊
　均勻鋪平，蓋上鍋蓋用微火燜煎 3 分鐘。
8 打開鍋蓋，慢慢滑入盤中，輕輕的對折舒芙蕾歐姆蛋，淋上醬
　汁，撒一些黑胡椒，完成。

小提醒 打蛋黃的時候，也可以加一些牛奶或鮮奶油增添風味！

無運動日早餐　無運動日午餐　無運動日晚餐

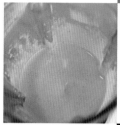

高蛋白香草鬆餅

▌ 材料（約 8～9 片）

蛋白液…5 顆（約 150g～160g）
即食燕麥片…30g
香草乳清蛋白粉…35g（約一勺）
椰棗蜜…1 小匙（可用其他糖漿替代或省略）
肉桂粉…少許（可省略）

▌ 作法

1 全部材料放入調理機打至滑順無顆粒。
2 平底鍋倒入少許油抹均勻。
3 全程小火，用大湯勺舀鬆餅糊，從中心點慢慢擴散成
　 圓形，大約 1～2 分鐘，煎至鬆餅產生泡泡，翻面再
　 煎 1～2 分鐘，就完成囉！

小提醒

1 剩下的蛋黃可以和別顆完整的蛋炒成蔥蛋、番茄炒蛋、
　 荷包蛋，或可以烤餅乾、塔皮、鳳梨酥、蛋塔、布丁。
2 蛋黃也可以冷凍保存，但需要先和少許鹽攪散再冷凍，
　 下次解凍就可以炒蛋囉！如果想做成甜點，加糖攪散冷
　 凍保存。

無運動日早餐　　無運動日午餐　　無運動日晚餐

鮮蝦優格花生蛋沙拉

▋材料（1～2 人份）

Costco 去殼大蝦仁…5 隻
水煮蛋…1 顆
洋蔥…1/4 顆
小黃瓜…1/2 支

調味料

無糖希臘優格…2 大匙
第戎芥末醬…1 小匙
無糖花生醬…1 小匙
鹽、黑胡椒…適量

▋作法

1 蝦子洗淨水煮去尾巴備用。
2 洋蔥、小黃瓜切丁，水煮蛋剖半挖出蛋黃，蛋白切碎。
3 洋蔥、小黃瓜、蛋、蝦子、所有調味料放入碗中，攪拌均勻放在烤好的麵包和生菜上，開動囉！

小提醒 如果害怕洋蔥太嗆，可以切開後洋蔥先泡冰水幾分鐘。

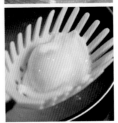

香蒜蘑菇水波蛋佐清爽荷蘭醬

▌材料（2人份）

大蒜…1～2小瓣
蘑菇…7～8朵
鹽…少許
黑胡椒…少許
喜歡的硬質麵包…1～2片
水波蛋…2顆
清爽荷蘭醬…適量
生菜…適量

▌作法

1 麵包放入烤箱烤至香酥，生菜洗淨瀝乾，蒜頭去皮切片，蘑菇切片備用。
2 熱油鍋，加入蒜片炒香，倒入蘑菇炒至出水，水分收乾後倒入鹽、黑胡椒，起鍋。
3 蘑菇放在烤好的麵包上，再放上一顆水波蛋，淋上清爽荷蘭醬，完成。

簡易水波蛋

▌材料

冷開水、蛋、滾水

▌作法

1 煮一鍋滾水。
2 碗中打一顆蛋，從邊緣加入冷水，蓋過蛋。
3 放入滾水中，關火，蓋上鍋蓋。
　小顆蛋2分半～3分鐘
　中顆蛋3分半～4分鐘
　大顆蛋4分半～5分鐘
4 撈起～完成！

清爽荷蘭醬

▌材料

無糖優格…1大匙
第戎芥末醬…1小匙
楓糖漿…1小匙（或蜂蜜）

▌作法

全部混合均勻。

巧克力香蕉燕麥鬆餅

▌材料（約 15～16 片）

全蛋…4 顆

香蕉…2 根（中型）

即食燕麥片…65g

巧克力蛋白乳清…35g（約 1 勺）

肉桂粉…少許

▌作法

1 全部材料使用調理機打滑順。

2 熱鍋，抹上少許油，全程小火，用大湯勺舀鬆餅糊，從中心點慢慢擴散成圓形，大約 1～2 分鐘，煎至鬆餅產生泡泡，翻面再煎 1～2 分鐘，最後淋上融化的巧克力和香蕉、草莓、堅果，準備開動吧！

小提醒 剩下的鬆餅可以冷凍保存，或放保鮮盒冷藏2～3天，想吃時再回烤一下。冷凍的建議先退冰再回烤。

無運動日早餐　　無運動日午餐　　無運動日晚餐

蘆筍蛋蝦沙拉

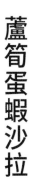

▌ 材料（2 人份）

Costco 去殼大蝦仁…8 ～ 10 隻　　**蝦仁醃醬**
蘆筍…1/2 包　　　　　　　　　　　米酒…1 大匙
玉米筍…3 ～ 5 支　　　　　　　　　鹽…少許
生菜…適量
蛋…2 顆

沙拉醬

蒜泥…1 小瓣
檸檬汁…1 大匙
芥末籽醬…1 大匙
黑胡椒…少許
橄欖油…2 大匙
鹽…1/8 小匙

▌ 作法

1 蘆筍、玉米筍洗淨備用，蝦仁洗淨放入一點少許鹽、米酒抓勻。
2 準備一個蒸爐倒入冷水煮滾，盤中放上蛋、蘆筍、玉米筍、蝦仁，計時 5 分鐘。
3 準備一個小碗倒入所有調味料快速攪拌。
4 蒸爐 5 分鐘後關火，燜 2 分鐘。
5 取出蒸爐內的食材，蛋先泡冷水，輕輕敲外殼剝殼（建議泡著水剝蛋殼會比較完整）！
6 準備一個空盤放上蘆筍、蝦子、生菜，淋上沙拉醬、黑胡椒少許，完成。

活力綜合莓果優格果昔

▌ 材料（2 人份）

冷凍綜合莓果…200g　　　**配料**
香蕉…1 根　　　　　　　無糖優格…100g
牛奶…200ml　　　　　　新鮮草莓…適量
　　　　　　　　　　　　新鮮藍莓…適量

▌ 作法

1 新鮮草莓和藍莓洗淨瀝乾。
2 香蕉切塊和冷凍綜合莓果、牛奶放入調理機或果汁機打勻倒入杯中，淋上優格放上水果，完成。

小提醒 如果怕優格太酸，可以加少許蜂蜜中和酸味。

起司菠菜蝦蒸蛋杯

▌材料（1 人份）

耐熱玻璃杯…1 個
白蝦…5 ～ 6 隻
菠菜…1/4 包
蒜頭…1 瓣
起司片…1 片
蛋…1 顆
鹽…適量
黑胡椒…適量
巴西利…裝飾

醃醬

米酒…少許
鹽…少許

▌作法

1 蝦去殼去腸泥，加入米酒、鹽醃 5 分鐘，蒜頭切片、菠菜洗淨瀝乾切段。
2 煮一鍋水。
3 熱油鍋炒香蒜，放入蝦煎至變色翻面，加入黑胡椒拌炒起鍋！
4 準備一個耐熱玻璃杯，底層加入一半的蝦、1/2 片起司、菠菜、剩下的蝦和起司、最後打一顆蛋放入杯中。
5 玻璃瓶蓋上錫箔紙，水滾後放入鍋中，水高度大概在玻璃瓶的 1/3，蓋上鍋蓋蒸煮 10 分鐘至表面蛋白變白，完成！

小提醒

1 如果有蒸爐的話，蒸蛋可以直接蒸不用放在水上。
2 蒸好取出時小心燙手！記得用抹布取出。

全麥藍莓鬆餅

▎材料（約可作 2～3 個鬆餅）

乾性材料
全麥麵粉⋯100g
無鋁泡打粉⋯1 小匙
海鹽⋯1/4 小匙
肉桂粉⋯少許（可省略）

濕性材料
蛋⋯1 顆
牛奶⋯150ml
椰棗蜜⋯1 大匙（可用楓糖漿、蜂蜜取代）
香草精⋯少許
新鮮藍莓或冷凍藍莓⋯

▎作法

1 預熱鬆餅機。
2 濕性材料使用打蛋器全部混合均勻。
3 乾性材料過篩倒入空碗中，再和濕性材料混合均勻至無粉粒。
4 倒入半片份量的麵糊至鬆餅機，放上一些藍莓，再倒一些鬆餅糊，大約 2 分 30 秒～ 3 分鐘，完成！

- -

小提醒

1 也可將乾濕材料一起倒入調理機混合，就可以直接煎囉！
2 吃不完的鬆餅可放冰箱冷藏，食用時表面撒一點點水再用烤箱烤10分鐘，就會恢復表皮酥酥的口感囉！

自製快速奇亞籽藍莓果醬

▎材料

新鮮藍莓或冷凍藍莓⋯100g
奇亞籽⋯1/2 大匙
椰棗蜜⋯1 大匙（楓糖漿、蜂蜜、糖都可以取代）

▎作法

藍莓放入小鍋中，煮至出水變軟，倒入奇亞籽，攪拌稍微變濃稠，最後加入椰棗蜜，完成。

水果口味隔夜燕麥

無運動日早餐　　無運動日午餐　　無運動日晚餐

藍莓橘子

▊ 材料（1 人份）

藍莓…40g
橘子汁…80g
蜂蜜 or 楓糖 or 椰棗蜜…1 大匙
米森無麩質大燕麥片…40g
牛奶…80g

▊ 作法

藍莓打成汁，橘子去皮壓成汁，全部材料混合攪拌均勻，蓋上蓋子放入冰箱冷藏一晚。

抹茶香蕉

▊ 材料（1 人份）

香蕉…1/2 根
抹茶粉…2 小匙
米森無麩質大燕麥片…40g
蜂蜜 or 楓糖 or 椰棗蜜…1 大匙
無糖優格…100g
牛奶…80g

▊ 作法

香蕉使用叉子壓成泥，和所有材料混合攪拌均勻，蓋上蓋子放入冰箱冷藏一晚。

法芙娜巧克力

▊ 材料（1 人份）

法芙娜可可粉…1 大匙
蜂蜜 or 楓糖 or 椰棗蜜…1 大匙
肉桂粉…1/2 小匙（可省略）
無糖優格…100g
米森無麩質大燕麥片…40g
牛奶…80g

▊ 作法

全部材料混合攪拌均勻，放入冰箱冷藏一晚，隔天加一些水果或是喜歡的配料！

小提醒 如果隔天覺得燕麥片變太濃稠，可以加一些牛奶攪拌後再食用！

花生奇亞籽隔夜燕麥

▊ 材料（1 人份）

牛奶…80g
奇亞籽…3/4 大匙（1.6g）
無糖花生醬…2 大匙
楓糖漿…1 大匙
大燕麥片…40g

▊ 作法

全部材料混合攪拌均勻，放入冰箱冷藏一晚，隔天加一些水果或是喜歡的配料！

野菇糙米雞肉燉飯

▋ 材料（2人份）

生糙米…150g
（或熟糙米飯250g）

雞胸肉…2 副
鴻禧菇…適量
袖珍菇…適量
洋蔥丁…1/4 顆

雞胸醃醬
米酒…1 大匙
水…2 大匙
太白粉…1 小匙
鹽、黑胡椒…少許

燉飯調味料
雞高湯…250cc
白酒…125cc
鹽、黑胡椒…適量
帕瑪森起司粉…適量

▋ 作法

1 雞肉洗淨擦乾切小塊，和雞肉醃醬醃製 10 分鐘。
2 糙米洗淨泡水、洋蔥切丁、袖珍菇洗淨切細、鴻禧菇洗淨。
3 熱油鍋，放入醃好的雞胸肉，炒至微微金黃色，起鍋備用。
4 鍋子洗淨擦乾，倒入少許油和洋蔥丁炒焦化，放入鴻禧菇和袖珍菇炒軟，將瀝乾水分的糙米拌炒一下，轉大火，倒入白酒，讓酒精完全揮發，倒入 1/3 的高湯，轉小火燉煮。
5 水分變少後再倒入 1/3 的高湯，總共重複 3 次，最後試吃看看，如果覺得米還太硬，再加水煮，覺得還是不夠軟，再加水煮（以此類推）。
6 最後撒鹽和帕瑪森起司粉，攪拌一下，關火，蓋上鍋蓋燜 1～2 分鐘，完成。

小提醒 生糙米比較難煮熟，建議可以使用煮熟的糙米飯會比較快！

懶人水波蛋

▋ 材料

冷藏蛋…1 顆
冷開水…適量

▋ 作法

1 煮一鍋滾水。
2 蛋打在碗中，從邊緣倒入冷開水。
3 煮一鍋滾水，使用湯匙或其他器具旋轉水，倒入蛋，稍微再旋轉幾下，蛋白聚集後，蓋上鍋蓋，轉微火燜煮 2 分鐘，撈起完成！

汆燙彩色花椰菜

▋ 材料

COSTCO 冷凍彩色花椰菜…適量
橄欖油…少許
鹽…少許

▋ 作法

使用熱水汆燙 30 秒，撈起，拌入一些橄欖油和鹽，完成。

泰式雞肉義大利冷麵

■ 材料（2人份）

雞胸肉…300g
小黃瓜…2〜3根
小番茄…7〜8顆

雞肉醃料

米酒…1大匙
開水…1大匙
鹽…少許

調味料

魚露…1大匙
醋…2小匙
蒜泥…2〜3小瓣
自製泰式酸甜醬…3〜4大匙（也可使用市售泰式酸甜醬）

筆管義大利麵…160〜180g
煮麵水…1000cc
鹽…少許

■ 作法

1 準備一個大鍋，裝1000cc的水煮滾，放入義大利麵煮和少許鹽，煮8〜9分鐘撈起，淋上橄欖油冷攪拌冷卻備用。
2 雞肉對半橫切和米酒、水、鹽，醃5分鐘。
3 雞肉放入微波爐，蓋上盤子或其他可微波器具，600w加熱3分〜3分30秒取出冷卻，撕成絲狀。
4 小黃瓜和小番茄洗淨，小黃瓜切絲，小番茄切小塊。
5 蒜磨成泥，準備一個小碗，倒入所以調味料混合均勻。
6 最後將麵、雞肉、小黃瓜、小番茄、調味料全部拌均勻，完成！

小提醒 可以撈取想吃的份量（不要沾到口水）剩下的麵冰箱冷藏保存，隔天會更入味唷！

簡易泰式酸辣醬

■ 材料

鹽…1/2小匙
椰棗蜜 or 其他糖類 or 蜂蜜…50ml
水…50ml
醋…100ml
蒜頭…2小瓣
辣椒…1〜2根

■ 作法

1 蒜切片，辣椒切小塊。
2 準備一個小鍋子，倒入蜂蜜、水、醋、鹽煮滾後放入蒜片、辣椒煮30秒關火，完成。

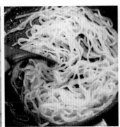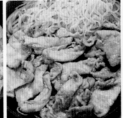

味增豬肉丼

▌材料（2～3 人份）

豬里肌片…200g
青椒…1/4 顆
蒟蒻絲…150g
薑泥…2～3cm

醃醬

味噌…2 小匙
黑龍日式醬油…1 大匙
赤藻糖醇 or 蜂蜜、其他糖類…1 小匙
香油…1/2 大匙
蒜泥…1 瓣

▌作法

1 薑和蒜分別磨成泥，豬里肌片和所有醃醬混合 10 分鐘。
2 青椒切塊、蒟蒻絲沖洗至無異味瀝乾備用。
3 熱油鍋，放入薑泥炒香，倒入蒟蒻絲炒一分鐘，蒟蒻絲推至角落，加入豬肉片雙面煎成金黃色，最後加入青椒和蒟蒻絲、豬肉拌炒均勻，完成！

懶人水波蛋

▌材料

冷藏蛋…1 顆
冷開水…適量

▌作法

1 蛋打在碗中，從邊緣倒入冷開水。
2 煮一鍋滾水，使用湯匙或其他器具旋轉水，倒入蛋，稍微再旋轉幾下，蛋白聚集後，蓋上鍋蓋，轉微火燜煮 2 分鐘，撈起完成！

蒜炒黑木耳花椰菜

▌材料　約 2 人份

蒜頭…1～2 小瓣
花椰菜…1 支
黑木耳…1～3 朵
鹽…適量

▌作法

1 花椰菜洗淨切塊，蒜頭拍扁切碎，黑木耳捲起切絲備用。
2 熱油鍋，倒入蒜頭炒香，加入黑木耳、花椰菜、鹽瓣炒均勻，倒入少許水，蓋上鍋蓋燜煮至花椰菜變鮮綠色，完成。

雞肉漢堡排

▌材料（約可做 6 個）

雞胸肉…300g
豬絞肉…100g
金針菇…半包～ 1 包
起司片…3 片

調味料：

番茄蔬菜醬…2 大匙（或市售番茄醬 1.5 大匙）
蒜泥…1 ～ 2 小瓣
鹽麴…1 小匙
鹽…少許
黑胡椒…少許

▌作法

1 雞肉使用調理機打散，金針菇切碎，蒜磨成泥。

2 肉類和金針菇、調味料混合均勻，靜置 10 ～ 15 分鐘。

3 起司片切一半折小塊，包入絞肉中，雙手拍打肉排整理型狀備用。

4 熱油鍋轉中火放入漢堡排，底部煎至金黃色翻面，蓋上鍋蓋轉小火燜 6 ～ 7 分鐘（隔壁爐順便可以製作漢堡排醬汁）。

5 打開鍋蓋確認熟度，就可以起鍋囉！最後淋上醬汁，完成。

日式漢堡排醬

▌材料

番茄蔬菜醬…4 大匙
（可用番茄醬代替）
伍斯特醬…4 大匙
日式醬油…1 大匙
紅酒…1 大匙（可省略）
椰棗蜜…1 大匙

▌作法

材料全部倒入小鍋中，小火
煮至小滾沸騰，完成！

彩色花椰菜

▌材料

COSTCO 冷凍彩色花椰菜…適量
橄欖油…少許
鹽…少許

▌作法

使用熱水汆燙 30 秒，撈起，拌入
一些橄欖油和鹽，完成。

無運動日早餐　**無運動日午餐**　無運動日晚餐

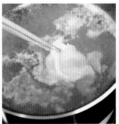

涮豬里肌佐檸檬鹽醬

▋材料（2人份）

里肌豬肉片…150g
米酒…1 大匙

檸檬鹽醬
檸檬汁…1 大匙～ 1.5 大匙
白芝麻油…1 大匙～ 1.5 大匙
鹽…少許
蒜泥…1 小瓣
蔥花…適量

冰塊水…1 碗

▋作法

1 蒜磨泥，蔥切蔥花和檸檬汁、麻油、鹽攪拌均勻備用。
2 準備一小碗開水加入冰塊備用。
3 煮一鍋水加入米酒煮至沸騰，將豬肉片放入滾水轉小火煮至變白，放入冰塊水中冷卻。
4 豬肉片淋上醬汁，完成。

小提醒 涮肉片軟嫩小技巧：水煮滾後，放入肉片轉小火，低溫煮熟比較不易柴硬唷！

溫泉蛋

▋材料

放置室溫 5 分鐘以上的雞蛋…1 顆
滾水…1000ml
冷水…200ml
日式醬油…適量
白芝麻…適量
海苔絲…適量

▋作法

1 雞蛋放置室溫回溫。
2 鍋中倒入 800cc 水煮滾。
3 煮滾後關火加入雞蛋和冷水，蓋上鍋蓋燜 8 ～ 10 分鐘，撈起溫泉蛋泡入冷水冷卻。
4 將溫泉蛋打入碗中，淋上日式醬油、白芝麻、海苔，完成。

蒜炒雙色花椰菜

▋材料

青花菜…1/2 支
白花椰菜…1/2 支
蒜頭…1 ～ 2 小瓣
鴻喜菇…1/2 包
鹽…適量

▋作法

1 花椰菜洗淨瀝乾切成喜歡的大小，蒜頭拍扁切碎，鴻喜菇去除尾端撕開備用。
2 熱油鍋，放入蒜頭炒香，加入鴻喜菇炒軟，放入雙色花椰菜和鹽，加入少許水蓋上鍋蓋，燜煮至青花菜變鮮綠色，完成。

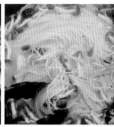

一鍋到底
枸杞紅棗雞肉義大利麵

▌材料（2人份）
義大利細麵…160g
雞里肌肉…250g
鴻喜菇…1 包
薑片…7 ～ 8 片
麻油…2 大匙
枸杞…適量
紅棗…適量
水…1 ～ 1.5 杯
鹽…適量

雞肉醃醬
米酒…1 大匙
清水…1 大匙
鹽…1/4 小匙
片栗粉…1/2 小匙 or 省略
（馬鈴薯澱粉）

▌作法
1 雞肉洗淨擦乾切成小塊，和醃醬一起攪拌均勻醃 10 ～ 15 分鐘。
2 薑切片、鴻喜菇絲成小塊。
3 紅棗清洗乾淨，使用剪刀去頭尾剪一刀挖出籽、枸杞洗淨備用。
4 平底鍋倒入 2 大匙麻油，放入薑片小火煎至周圍微捲，倒入雞肉鋪平中火煎 2 分鐘，煎至金黃色後翻面煎 1 分鐘，撈起雞肉起鍋備用，薑片留在鍋中。
5 原鍋倒入鴻喜菇炒至出水，加入枸杞、紅棗、少許鹽稍微拌炒，倒入清水蓋過食材，均勻鋪上義大利麵，蓋上鍋蓋小火燜煮 2 分鐘，打開鍋蓋攪拌麵條防止沾黏，再蓋上鍋蓋燜煮 2 ～ 3 分鐘。
6 打開鍋蓋轉中火收乾湯汁，倒入雞肉拌炒均勻，最後依照喜好加入鹽或麻油調整口味，完成。

小提醒 煮義大利麵的時間可依照包裝袋建議時間或喜好另做調整。

汆燙花椰菜

▌材料
花椰菜…1 朵
鹽…適量
冰水…1 碗

▌作法
1 花椰菜洗淨切成小朵，準備一碗冰水備用。
2 湯鍋倒入冷水煮沸騰，放入鹽和花椰菜煮 1 ～ 2 分鐘，撈起瀝乾放入冰水中冷卻 30 秒，完成。

小提醒
1 煮義大利麵的時間可依照包裝袋建議時間或喜好另做調整。
2 若喜歡花椰菜口感軟一點，水煮時間可延長30秒～1分鐘。

白菜奶油雞

▌ 材料（2 人份）

雞胸肉…300g
大白菜…1/4 顆
紅蘿蔔…1/2 支
金針菇…1/2 包
牛奶…1/2 杯
花椰菜…適量
起司片…3 片
鹽…適量
黑胡椒…適量

醃醬
米酒…1 大匙
水…1 大匙
鹽…1/4 小匙

▌ 作法

1 雞胸肉洗淨使用餐巾紙按壓吸取多餘水分，切成適口大小和醃醬抓勻靜置 10 ～ 15 分鐘。

2 大白菜洗淨瀝乾切段、紅蘿蔔切小塊、金針菇去尾洗淨瀝乾切段備用。

3 熱油鍋放入雞肉中火炒至雞肉變色，放入大白菜和紅蘿蔔拌炒，大白菜煮軟後倒入牛奶和起司，放入少許鹽調味，大火收醬汁，撒上黑胡椒，完成。

無運動日早餐　**無運動日午餐**　無運動日晚餐

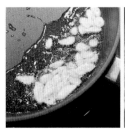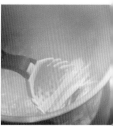

辣味蒜香蝦義大利麵

▊ 材料（2 人份）

義大利麵…200g
Costco 去殼大蝦仁…20 隻
蒜頭…3 ～ 5 小瓣
辣椒…1 根
香芹（荷蘭芹 Parsley）…適量
番茄…1 顆
鹽…適量
黑胡椒…適量

醃醬

白酒…1 大匙
鹽…少許
黑胡椒…少許

煮麵水

水…1000cc
鹽…10g

▊ 作法

1 蝦仁洗淨擦乾和醃料抓勻放置 10 分鐘。
2 煮一鍋熱水。
3 大蒜切片、番茄切丁、香芹切碎、辣椒切片。
4 熱油鍋，轉中小火放入蒜片，慢煎成金黃色後撈出。
5 開始煮義大利麵，將鹽、義大利麵放入滾水，稍微攪拌防止沾黏，煮 5 ～ 7 分鐘。
6 蒜油留在鍋中加入蝦仁，雙面煎至變白，放入香芹的根部和辣椒炒香。
7 放入煮好的義大利麵和煮麵水約 2 ～ 3 勺，慢慢拌勻吸附醬汁，最後撒鹽和黑胡椒試吃調味，別忘記加剩下的香芹和金黃的蒜片唷！

小提醒

1 稍微攪拌一下防止義大利麵沾黏。
2 可依照包裝袋建議的時間調整成偏好的軟硬度，如果帶便當的話，我會稍微縮短一點點煮麵時間，避免微波的時候麵會變很軟。

花椰菜炒蛋

▊ 材料

花椰菜…1 朵
蛋…2 顆
蒜頭…1 ～ 2 小瓣
鹽…適量

▊ 作法

1 花椰菜洗淨切小朵、蒜頭拍扁切碎、蛋打入碗中攪散。
2 熱油鍋倒入蛋液凝固後，使用鍋鏟搗碎，起鍋備用。
3 原鍋加入蒜頭，利用剩餘的油炒香，倒入花椰菜和鹽拌炒，加入少許水蓋上鍋蓋燜煮 1 ～ 3 分鐘，打開鍋蓋加入炒蛋拌炒，完成。

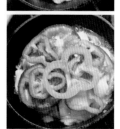

雞肉餅皮披薩

材料（2 人份）

雞里肌…250g
洋蔥…1/4 顆
青椒…1/4 顆
黃彩椒…1/6 顆
紅彩椒…1/5 顆
市售義大利麵醬…1 大匙
起司片…2 片
黑胡椒…適量
鹽…少許

雞肉醃醬

米酒…1 大匙
日式醬油…1 大匙
蒜泥…1 小瓣
鹽…1/8 小匙

作法

1 雞里肌橫向切成兩半，再切一半，和醃醬抓勻靜置 15 分鐘。
2 洋蔥切丁、青椒彩椒切片備用。
3 熱油鍋，放入洋蔥丁炒至透明取出備用。
4 原鍋不需沖洗開小火，放入雞肉鋪平，再放上炒好的洋蔥、義大利麵醬、起司片、青椒、彩椒，輕輕撒上少許鹽，蓋上鍋蓋小火燜煮 3 ～ 4 分鐘至起司融化，打開鍋蓋撒一些黑胡椒，關火完成。

汆燙花椰菜

材料

花椰菜…1 朵
鹽…適量
冰水

作法

1 花椰菜洗淨切成小朵，準備一碗冰水備用。
2 湯鍋倒入冷水煮沸騰，放入鹽和花椰菜煮 1 ～ 2 分鐘，撈起瀝乾放入冰水中冷卻 30 秒，完成。

香料烤薯條

材料

進口馬鈴薯…2 顆

調味料

海鹽…1 茶匙
綜合義大利香料粉…1 茶匙
橄欖油…1 大匙
黑胡椒…適量

作法

1 烤箱先預熱至攝氏 220 度。
2 馬鈴薯把芽挖掉表面洗淨，使用叉子四周圍戳洞。（馬鈴薯可留皮或去皮）
3 餐巾紙沾全濕，鋪在碗中底部，馬鈴薯噴水後放在餐巾紙上，微波 600W 加熱 2 分鐘，打開翻面再微波 1 分鐘。
4 小心取出馬鈴薯，切成條狀，放入保鮮盒，撒上少許鹽、橄欖油、黑胡椒、香料粉，蓋上盒子稍微出力上下甩 10 下以內。
5 烤盤鋪上一層烘焙紙，鋪上薯條均勻不重疊，放入烤箱，以攝式 220 度烤 20 ～ 25 分鐘，烤至酥脆，完成。

小提醒

1 馬鈴薯先微波變軟，可以減少烘烤時間。
2 進口馬鈴薯口感比軟鬆軟。

日式雞胸肉沙拉佐蜂蜜檸檬油醋醬

材料（2 人份）

雞胸肉…300g
片栗粉（or 生黃豆粉
or 省略）…1 大匙

醃醬
蒜泥…1 ～ 2 小瓣
薑泥…適量
日式醬油…2 大匙
米酒…1 大匙
鹽…少許
胡椒…少許

蜂蜜檸檬沙拉醬
蒜泥…1 小瓣
橄欖油…3 大匙
蜂蜜醋…1 大匙
第戎芥末醬…1 小匙
檸檬汁…少許
鹽…少許
黑胡椒…少許

作法

1 雞胸肉洗淨擦乾，切成好入口的大小和所有醃醬
  抓勻醃製 15 分鐘。
2 準備一個空碗，倒入所有沙拉醬材料，攪拌均勻
  備用。
3 醃好的雞胸肉倒入片栗粉攪拌均勻。
4 熱油鍋，轉中小火，放入雞胸肉煎至底部金黃色
  翻面，轉小火蓋上鍋蓋燜煮 2 ～ 3 分鐘，打開鍋
  蓋確認雞肉全熟，起鍋！
5 生菜洗淨、洋蔥切絲加入檸檬蜂蜜沙拉醬攪拌均
  勻，最後加入雞肉，完成！

番茄燉蛋

材料（2 人份）

蕃茄蔬菜醬或義大利麵醬…4 大匙
洋蔥丁…1/2 顆
蛋…2 顆
咖哩粉…1/2 小匙

紅椒粉…1/2 小匙
鹽…少許
黑胡椒…少許
水…1/2 杯

作法

1 洋蔥切丁備用。
2 熱油鍋，倒入洋蔥丁炒至透明，蕃茄蔬菜醬、水、
  咖哩粉、紅椒粉、鹽、攪拌均勻，煮至沸騰。
3 挖一個小洞打一顆蛋，再挖另一個小洞打入蛋，
  轉小火蓋上鍋蓋燜煮至喜歡的熟度，完成！

無運動日早餐　**無運動日午餐**　無運動日晚餐

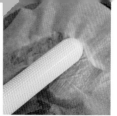

低脂烤排骨飯

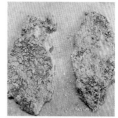

▌ 材料（2 人份）

里肌豬厚片…200g
100% 地瓜粉 or 生黃豆粉…適量

醃醬
醬油…1 大匙
蒜泥…2 ～ 3 瓣
蔥段…1 隻
薑片…2 ～ 3 片
米酒…1 小匙
蜂蜜 or 其他糖類…1 小匙
五香粉…適量

▌ 作法

1 里肌豬蓋上烘焙紙敲打成薄片，和全部醃醬混合均勻，醃製一個晚上或 30 分鐘。
2 烤箱預熱至攝氏 200 度，豬肉片雙面沾地瓜粉，靜置 10 分鐘反潮，放入烤箱烤 10 ～ 15 分鐘。（依照豬肉份量和厚度增減時間）

薑絲小白菜

▌ 材料

嫩薑…適量
鹽…適量
小白菜…1 包（250g）

▌ 作法

1 小白菜洗淨瀝乾切段，嫩薑去皮先斜切成片再切成細絲備用。
2 熱油鍋，放入薑絲炒香，加入小白菜和鹽拌炒一下，蓋上鍋蓋燜 30 秒～ 1 分鐘，完成。

黑胡椒洋蔥彩椒鴻喜菇

▌ 材料

洋蔥…1/2 顆
彩椒…1/2 顆
鴻喜菇…1/2 包
鹽…適量
黑胡椒…適量

▌ 作法

1 洋蔥、彩椒切絲，鴻喜菇去除尾端撕開備用。
2 熱油鍋，放入洋蔥炒至透明，倒入鴻喜菇炒軟，加入彩椒和鹽、黑胡椒拌炒，完成。

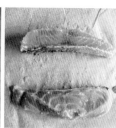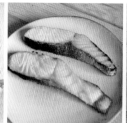

烤鹽麴鮭魚佐菇菇醬

■ 材料（2 人份）

美威鮭魚…2 小片
鴻禧菇…1/3 ～ 1/2 包
洋蔥…1/2 顆

鮭魚醃醬
鹽麴…1 小匙
信州味噌…1 小匙
蜂蜜…1 小匙（可用其他糖代替）

鴻禧菇醬調味料
黑龍日式醬油…2 大匙
味醂…2 大匙
赤藻糖醇 or 其他糖類…1 小匙

■ 作法

1 鮭魚和醃醬均勻搓揉按摩，放入保鮮盒，醃一個晚上。
2 烤箱預熱至攝氏 190 度，鮭魚放置烤盤，烤 12 ～ 15 分鐘。
3 熱油鍋，放入洋蔥炒至透明，倒入鴻禧菇和調味料拌炒，鴻禧菇變軟後起鍋，和烤好的鮭魚一起享用完成。

溫泉蛋

■ 材料

放置室溫 5 分鐘以上的雞蛋…1 顆
滾水…1000ml
冷水…200ml
日式醬油…適量
白芝麻…適量
海苔絲…適量

■ 作法

1 雞蛋放置室溫回溫。
2 鍋中倒入 800cc 水煮滾。
3 煮滾後關火加入雞蛋和冷水，蓋上鍋蓋燜 8 ～ 10 分鐘，撈起溫泉蛋泡入冷水冷卻。
4 將溫泉蛋打入碗中，淋上日式醬油、白芝麻、海苔，完成。

水煮菠菜

■ 材料

菠菜…1 包（250g）
日式醬油…1 大匙
柴魚片…適量
白芝麻…適量
冷水…適量

■ 作法

1 菠菜洗淨切段，準備一鍋滾水，將菠菜根莖部放入沸水燙 15 秒，再放入菠菜葉燙 20 ～ 30 秒，撈起瀝乾放入冷水中冷卻。
2 冷卻後的菠菜撈起瀝乾水分和日式醬油拌勻，撒上柴魚和白芝麻，完成。

無運動日早餐　　**無運動日午餐**　　無運動日晚餐

和風雞肉菇菇義大利麵

▌材料（2人份）

雞胸肉…300g
鴻禧菇…1包
蒜…2小瓣
義大利麵…200g

雞肉醃醬
米酒…1大匙
水…1大匙
鹽…少許

調味料
日式醬油…2大匙
味醂…2大匙
赤藻糖醇 or 其他糖類…1小匙
米酒…1大匙

煮麵水
水…1000cc
鹽…10g

▌作法

1 雞胸肉洗淨擦乾，切成好入口的大小和雞肉醃醬抓勻放置5分鐘。
2 準備一個大鍋放入 1000cc 的水煮滾。
3 蒜頭拍扁切碎，鴻禧菇沖洗切尾巴撕開。
4 義大利麵放入滾水，煮5～6分鐘！
5 熱油鍋放入蒜炒香，倒入雞肉炒至變白，加入鴻禧菇拌炒，倒入調味料，煮至沸騰，放入大約6～8分熟的義大利麵，大火攪拌收汁，最後撒一些鹽調味，完成！

小提醒

1 煮義大利麵時中途用夾子稍微旋轉一下鍋中麵條，防止沾黏鍋底。
2 義大利麵煮的時間可依照包裝袋建議時間縮短2～4分鐘，或是依照自己的喜好增減時間。
3 義大利麵吸附醬汁的小祕訣，盡量醬汁和麵同步，如果來不及的話，可以先讓醬汁等麵。

水波蛋

▌材料

冷藏蛋…1顆
冷開水…適量

▌作法

1 煮一鍋滾水。
2 蛋打在碗中，從邊緣倒入冷開水。
3 煮一鍋滾水，使用湯匙或其他器具旋轉水，倒入蛋，稍微再旋轉幾下，蛋白聚集後，蓋上鍋蓋，轉微火燜煮2分鐘，撈起完成！

油醋生菜沙拉

▌材料

喜歡的生菜…適量

油醋醬
英式芥末醬…1大匙
紅酒醋…2大匙
橄欖油…4大匙
鹽…適量
黑胡椒…適量

▌作法

將油醋醬材料混合均勻，生菜洗淨瀝乾，淋上油醋醬拌勻，完成。

清蒸檸檬蚵仔金針菇

▎材料（2人份）

蚵仔…120g
金針菇…1 包
蔥花…適量
檸檬汁…適量

調味料
米酒…1 大匙
味醂…2 小匙
黑龍日式醬油…2 小匙
蒜泥…2 小匙

▎作法

1 準備一個小碗，倒入所有調味料混合均勻備用。
2 金針菇切除尾端沖洗瀝乾，撕開金針菇放入盤中。
3 蚵仔洗淨瀝乾均勻鋪在金針菇上，淋上調好的調味料，放入沸騰的蒸爐中，蒸 10 ～ 13 分鐘。
4 切蔥花、切檸檬片備用。
5 時間到後小心取出盤子，撒上蔥花和檸檬汁，完成。

蒜炒雙色花椰菜

▎材料

青花菜…1/2 朵
白花椰菜…1/2 朵
蒜頭…1 ～ 2 小瓣
鴻喜菇…1/2 包
鹽…適量

▎作法

1 花椰菜洗淨瀝乾切成喜歡的大小，蒜頭拍扁切碎，鴻喜菇去除尾端撕開備用。
2 熱油鍋，放入蒜頭炒香，加入鴻喜菇炒軟，放入雙色花椰菜和鹽，加入少許水蓋上鍋蓋，燜煮至青花菜變鮮綠色，完成。

番茄炒蛋

▎材料

小番茄…5 ～ 6 顆
蛋…2 ～ 3 顆
蒜頭…1 ～ 2 小瓣
醬油…少許
青蔥…適量

▎作法

1 小番茄對半切，蒜頭拍扁切碎，青蔥切蔥花、蛋打入碗中攪散備用。
2 鍋中放少許油，倒入蛋液，煎至凝固後使用鍋鏟輕輕搗碎，起鍋備用。
3 原鍋，放入蒜頭利用鍋中剩餘的油炒香，倒入小番茄炒軟，最後加入炒蛋、醬油拌炒均勻，撒上蔥花，完成。

無運動日早餐　**無運動日午餐**　無運動日晚餐

香蒜雞絲飯

材料（2～3人份）

雞胸肉…300g
蒜…4～5小瓣

雞肉醃醬
米酒…1大匙
水…1大匙
鹽…少許

醬汁
豆油伯金桂醬油…3～4大匙
八角…1顆

作法

1 雞胸肉切成3～4大塊，和雞肉醃醬抓勻放置5分鐘，蒜切片。
2 冷鍋倒入油和蒜片，中小火慢煎至金黃色，取出瀝乾油備用，剩下的蒜油倒在乾淨的小碗中備用。
3 雞肉放入蓋上盤子，微波600W，3分～3分30秒，確認全熟後，放涼絲成細絲。
4 備一個小鍋倒入醬油和八角，煮至沸騰關火，放入小碗備用。
5 最後將盛飯淋上一點點八角醬油，放上雞絲和醬油、蒜油、蒜片，完成！

小提醒

1 煎蒜片時油需要醃過蒜片高度。
2 蒜片開始變黃後，要馬上準備撈起，不然很容易變黑發苦！
3 煎蒜片的油，可以選擇比較耐高溫的純橄欖油（非初榨）或葵花油、芥花油、苦茶油。

蒜炒紅蘿蔔高麗菜

材料

蒜頭…1～2小瓣
紅蘿蔔…2～3cm
高麗菜…1/2顆
鹽…適量

作法

1 蒜頭拍扁切碎、紅蘿蔔切絲、高麗菜手撕成小塊。
2 熱油鍋，倒入蒜頭炒香，加入紅蘿蔔拌炒30秒，倒入高麗菜和鹽拌炒均勻，蓋上鍋蓋燜煮1～2分鐘，完成。

蒜炒玉米筍菠菜

材料

蒜頭…1～2小瓣
菠菜…1包（250g）
玉米筍…2～3支
鹽…適量

作法

1 蒜頭拍扁切碎、玉米筍切片、菠菜洗淨切段（4～5cm）備用。
2 熱油鍋，放入蒜頭炒香，加入玉米筍和菠菜根部、鹽炒軟，倒入菠菜葉拌炒均勻，完成。

蔥花蛋

材料

青蔥…1支
蛋…2顆
鹽…適量

作法

1 青蔥切成蔥花和蛋、鹽拌勻。
2 熱油鍋，倒入蛋液，底部凝固後翻面，雙面金黃後起鍋，完成。

無運動日早餐　**無運動日午餐**　無運動日晚餐

烤雞肉金錢蝦餅

▍材料（大約 2～3 片）

蝦仁…100g
雞胸肉…50g
薑…2～3 公分
蒜頭…2～3 小瓣

調味料
米酒…1 大匙
香油…少許
鹽…少許
胡椒粉…少許

蝦餅表面
油…少許（可省略）
全麥麵包粉…少許
（如果沒有現成麵包
粉，也可以將全麥麵
包烤乾，打成細粉）

酸辣醬
自製泰式酸甜醬…2 大匙
魚露…1/2 小匙
檸檬…少許

▍作法

1 烤箱預熱至攝氏 190 度。
2 蝦仁洗淨，蝦仁背部劃一刀去腸泥。
3 蝦仁和雞胸肉剁成泥、薑、大蒜磨成泥（也可使用調理機，將大蒜、薑、蝦仁、雞肉、全部調味料打成泥狀。）。
4 剁好的蝦漿和全部調味料混合均勻。
5 雙手沾一點水防黏，挖取蝦漿塑形成圓扁狀，雙面均勻沾上麵包粉。
6 蝦餅表面刷上一點點油（不刷也可以），放入預熱完成的烤箱以攝氏 190 度烤 15～20 分鐘，烤至表面金黃色即可。

自製簡易泰式酸辣醬

▍材料

鹽…1/2 小匙
椰棗蜜 or 蜂蜜 or 其他糖類…50ml
水…50ml
醋…100ml
蒜頭…2 小瓣
辣椒…1～2 根

▍作法

1 蒜切片，辣椒切小塊。
2 準備一個小鍋子，倒入蜂蜜、水、醋、鹽煮滾後放入蒜片、辣椒煮 30 秒關火，完成。

蔥花玉子燒

▍材料

蛋…1 顆
鹽…適量
蔥花…適量

▍作法

1 全程小火料理！
2 蔥花和蛋、鹽攪拌均勻。
3 玉子燒鍋倒入少許油，用餐巾紙塗抹均勻。
4 倒入薄薄的蛋液，搖晃均勻，等底部蛋液凝固，慢慢往自己的方向捲起，推到前端，再倒入薄薄的蛋液，接縫處要確認有沾到新的蛋液，再慢慢往自己的方向捲起。
5 約重複以上步驟 3-4 次，最後讓玉子燒站立，四面煎一下固定形狀，完成！

蒜炒彩椒花椰菜

▍材料

蒜頭…1-2 顆
彩椒…1/4 顆
花椰菜…1 支
鹽適量

▍作法

1 蒜頭拍扁切碎、彩椒切絲、花椰菜洗淨瀝乾切成小朵備用。
2 熱油鍋，放入蒜頭炒香，加入花椰菜和鹽瓣炒均勻，倒入少許水蓋上鍋蓋燜煮 1～2 分鐘，打開鍋蓋放入彩椒拌炒，完成。

波菜雞肉親子丼

▌材料（1 人份）

雞胸肉…150g
蛋…2 顆
洋蔥…1/4 顆
波菜…1/4 包

調味料
日式醬油…1 大匙
味醂…1 大匙
米酒…1/2 大匙
椰糖 or 其他糖類…1/2 大匙
水…80ml
鹽…少許

▌作法

1 洋蔥切絲、雞胸肉切成好入口的大小、波菜洗淨切段、
　準備一個空碗打入蛋攪散。
2 準備一個平底鍋開中火，倒入所有調味料和洋蔥，煮 2
　分鐘。
3 加入雞胸肉約煮 2 ～ 3 分鐘，煮至雞肉變白。
4 放入波菜，旋轉的方式淋上 1/2 蛋液，轉中小火蓋上鍋
　蓋燜煮 2 分鐘。
5 打開鍋蓋，淋上剩下的蛋液蓋上鍋蓋燜煮 10 ～ 15 秒，
　打開鍋蓋放在飯上，完成！

水煮波菜

▌材料

菠菜…1 包（250g）
日式醬油…1 大匙
柴魚片…適量
白芝麻…適量
冷水…適量

▌作法

1 菠菜洗淨切段，準備一鍋滾水，將菠菜根莖部放入沸水
　燙 15 秒，再放入菠菜葉燙 20 ～ 30 秒，撈起瀝乾放入
　冷水中冷卻。
2 冷卻後的菠菜撈起瀝乾水分和日式醬油拌勻，撒上柴魚
　和白芝麻，完成。

豆腐豬肉三明治

▌材料（2 人份）

	醃醬	調味料
豬絞肉…100g	薑泥…1 小匙	黑龍日式醬油…2 大匙
板豆腐…1 盒	米酒…1 大匙	味醂…2 大匙
洋蔥…1/5g	胡椒、鹽…少許	赤藻糖醇 or 其他糖類…
紅蘿蔔…1/5 支		1 小匙

▌作法

1 紅蘿蔔、洋蔥切碎，薑磨成泥狀。
2 絞肉和醃醬混合抓勻，倒入紅蘿蔔、洋蔥抓至有黏性。
3 所有調味料先倒在一個小碗攪拌均勻備用。
4 板豆腐對切內裡翻向上，直切 2 刀（三等份）再橫切切，成為小正方形（總共 12 片）。
5 板豆腐一片一片排在桌面上，放上絞肉，蓋上另外一片豆腐夾起絞肉。
6 熱油鍋，放入豆腐三明治，轉小火燜煎 2 分鐘，煎至底部金黃色打開鍋蓋，慢慢翻面。
7 倒入調味料，蓋上鍋蓋中小火燜煮 5 ～ 6 分鐘。
8 開鍋蓋翻面，再蓋上鍋蓋燜煮 2 ～ 3 分鐘至中間豬肉全熟。
9 起鍋，豆腐三明治對半切，淋上鍋中剩餘的醬汁，撒上蔥花，完成！

小提醒

1 板豆腐也可以直切3刀（四等份共16片）。
2 若不確定熟度可以切開中間觀察，豬肉變成白色就可以起鍋囉！

蒜炒紅蘿蔔高麗菜

▌材料

蒜頭…1 ～ 2 小瓣
紅蘿蔔…2 ～ 3cm
高麗菜…1/2 顆
鹽…適量

▌作法

1 蒜頭拍扁切碎、紅蘿蔔切絲、高麗菜手撕成小塊。
2 熱油鍋，倒入蒜頭炒香，加入紅蘿蔔拌炒 30 秒，倒入高麗菜和鹽拌炒均勻，蓋上鍋蓋燜煮 1 ～ 2 分鐘，完成。

蒜炒鴻喜菇菠菜

▌材料

蒜頭…1 ～ 2 小瓣
菠菜…1 包（250g）
鴻喜菇…1/2 包
鹽…適量

▌作法

1 蒜頭拍扁切碎、鴻喜菇去除尾端撕開、菠菜洗淨切段（4 ～ 5cm）備用。
2 熱油鍋，放入蒜頭炒香，加入鴻喜菇和菠菜根部、鹽炒軟，倒入菠菜葉拌炒均勻，完成。

無運動日早餐　　無運動日午餐　　**無運動日晚餐**

味噌雞腿芥末籽丼

▌材料（2 人份）

雞腿肉…250g
青蔥…2 支

雞肉醃醬

米酒…1 大匙
蒜泥…1 小瓣

調味料

味噌…1 大匙
第戎芥末籽醬…2 小匙
米酒…1 大匙
黑胡椒…少許

▌作法

1 蔥斜切，蔥白、蔥綠分開、蒜去皮磨成泥、雞腿肉切成好入口的大小。
2 雞肉和醃醬抓勻靜置 5 分鐘。
3 熱鍋不放油，雞肉雞皮朝下放入鍋中，轉中大火煎 1 分鐘底部金黃色，翻面再煎 1 分鐘。
4 倒入米酒拌炒，緊接著放入味噌和芥末籽醬拌炒均勻，倒入蔥白炒軟，最後加入蔥綠稍微拌炒一下，上桌前撒一點黑胡椒，完成。

小提醒 如果怕雞肉太油膩可以去掉一半的雞皮，保留一些些雞皮和油脂。

蒜炒雙色花椰菜

▌材料

青花菜…1/2 支
白花椰菜…1/2 支
蒜頭…1 ～ 2 小瓣
玉米筍…3 ～ 4 支
鹽…適量

▌作法

1 花椰菜洗淨瀝乾切成喜歡的大小，蒜頭拍扁切碎，玉米筍洗淨瀝乾切片備用。
2 熱油鍋，放入蒜頭炒香，加入玉米筍、雙色花椰菜和鹽，加入少許水蓋上鍋蓋，燜煮至青花菜變鮮綠色，完成。

番茄炒蛋

▌材料

小番茄…5 ～ 6 顆
蛋…2 ～ 3 顆
蒜頭…1 ～ 2 小瓣
醬油…少許
青蔥…適量

▌作法

1 小番茄對半切，蒜頭拍扁切碎，青蔥切蔥花、蛋打入碗中攪散備用。
2 鍋中放少許油，倒入蛋液，煎至凝固後使用鍋鏟輕輕搗碎，起鍋備用。
3 原鍋，放入蒜頭利用鍋中剩餘的油炒香，倒入小番茄炒軟，最後加入炒蛋、醬油拌炒均勻，撒上蔥花，完成。

剁椒蒸魚豆腐

█ 材料（2人份）

板豆腐⋯1 盒
台灣鯛魚⋯200g
蔥花⋯適量

醃醬
米酒⋯1 大匙
鹽⋯適量
胡椒粉⋯少許

調味料
剁椒醬⋯3 大匙
醬油⋯1 大匙
魚露⋯1 小匙
香油⋯1 小匙
赤藻糖醇 or 其他糖類⋯2 小匙

█ 作法

1 鯛魚片洗淨瀝使用餐巾紙乾吸乾水分，去除魚肉紅色部分和醃醬抓勻醃製 10 分鐘。
2 調味料混合均勻、板豆腐橫切一半變薄備用。
3 準備一個空盤放上豆腐、魚片，淋上調味料。
4 放入已煮滾的蒸鍋中蓋上鍋蓋，大火蒸 8～10 分鐘，最後撒上蔥花，完成。

自製剁椒醬

█ 材料

紅色辣椒⋯50g
蒜頭⋯1 小瓣
薑⋯5g
高粱酒或伏特加
或高濃度酒⋯1 小匙
鹽⋯1/8 小匙

█ 作法

1 辣椒洗淨擦乾去蒂剁成小丁，蒜和薑切碎。
2 備一個乾淨消毒過的有蓋子的空玻璃瓶，放入所有材料蓋上瓶蓋搖一搖，放入冷藏 15 天，完成。

小提醒 建議戴手套操作唷。

花椰菜炒蛋

█ 材料

花椰菜⋯1 支
蛋⋯2 顆
蒜頭⋯1～2 小瓣
鹽⋯適量

█ 作法

1 花椰菜洗淨切小朵、蒜頭拍扁切碎、蛋打入碗中攪散。
2 熱油鍋倒入蛋液凝固後，使用鍋鏟搗碎，起鍋備用。
3 原鍋加入蒜頭，利用剩餘的油炒香，倒入花椰菜和鹽拌炒，加入少許水蓋上鍋蓋燜煮 1～3 分鐘，打開鍋蓋加入炒蛋拌炒，完成。

蒜炒鴻喜菇高麗菜

█ 材料

蒜頭⋯1～2 小瓣
鴻喜菇⋯1/2 包
高麗菜⋯1/2 顆
鹽⋯適量

█ 作法

1 蒜頭拍扁切碎、鴻喜菇去除尾端撕開、高麗菜手撕成小塊。
2 熱油鍋，倒入蒜頭炒香，加入鴻喜菇炒軟，倒入高麗菜和鹽拌炒均勻，蓋上鍋蓋燜煮 1～2 分鐘，完成。

無運動日早餐　無運動日午餐　**無運動日晚餐**

鹽麴鮭魚菇菇炊飯

▌材料（4～5人份）

去骨鮭魚…2～3片
米…3杯（約450g）
鴻禧菇…1包
紅蘿蔔…1/2根
薑…2～3公分

調味料
米酒…2大匙
黑龍日式醬油…1大匙
鹽麴…2大匙
水…570～600ml

▌作法

1 烤箱預熱至攝氏180度，鮭魚放入烤箱烤10～12分鐘。
2 紅蘿蔔切絲，薑去皮切片，鴻禧菇、米洗淨瀝乾。
3 米倒入飯鍋中和所有調味料攪拌均勻，放入紅蘿蔔、薑片、鴻禧菇、鮭魚。
4 飯鍋放入電鍋，開始煮飯。
5 煮好後，打開電鍋攪拌均勻，完成！

小提醒

1 鮭魚如果有刺的話，記得先取出再攪拌嘿！
2 如果煮糙米的話，洗淨後泡水大約30分鐘，口感比較不會太硬。
3 鮭魚也可以直接煮，但烤過或煎過比較香！

蒜炒鴻喜菇菠菜

▌材料

蒜頭…1～2小瓣
菠菜…1包（250g）
玉米筍…2～3支
鹽…適量

▌作法

1 蒜頭拍扁切碎、鴻喜菇去除尾端撕開、菠菜洗淨切段（4～5cm）備用。
2 熱油鍋，放入蒜頭炒香，加入鴻喜菇和菠菜根部、鹽炒軟，倒入菠菜葉拌炒均勻，完成。

紅蘿蔔炒蛋

▌材料

紅蘿蔔…3～4cm
蛋…2顆
蒜頭…1～2小瓣
鹽…適量

▌作法

1 蒜頭拍扁切碎，紅蘿蔔切絲，蛋打入碗中攪散。
2 熱油鍋，倒入蛋液，底部凝固後使用鍋鏟慢慢搗碎，炒蛋全熟後起鍋備用。
3 原鍋倒入蒜頭，利用剩餘的油炒香，加入紅蘿蔔炒軟，最後倒入炒蛋拌炒均勻，完成。

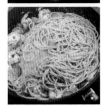

青醬蝦蝦義大利麵

▌ 材料（2 人份）

義大利麵…180 ～ 200g
Costco 去殼大蝦仁…6 ～ 10 隻
蒜頭…2 ～ 3 小瓣
青醬…2 ～ 4 大匙
小番茄…3 ～ 5 顆

蝦子醃醬
白酒…少許

調味料
牛奶…少許
鹽…少許

煮麵水
水…1000ml
鹽…10g

▌ 作法

1 準備一個大鍋煮水。
2 蒜頭拍扁切碎，蝦子解凍洗淨瀝乾，和少許白酒抓勻放置 5 分鐘。
3 水煮滾後放入鹽和麵條煮 5 ～ 6 分鐘。
4 平底鍋放入油和蒜炒香，倒入蝦雙面煎金黃色，倒入 2 大杓煮麵水和煮好的義大利麵、青醬、小番茄、牛奶攪拌收汁。
5 最後加鹽調味，完成。

小提醒 依照包裝袋煮麵時間，調整喜歡的軟硬度。

油醋生菜沙拉

▌ 材料

喜歡的生菜…適量

油醋醬
英式芥末醬…1 大匙
紅酒醋…2 大匙
橄欖油…4 大匙
鹽…適量
黑胡椒…適量

▌ 作法

將油醋醬材料混合均勻，生菜洗淨瀝乾，淋上油醋醬拌勻，完成。

羅勒松子青醬

▌ 材料（1～2 人）

羅勒葉…50g
松子…20g（或其他堅果）
蒜頭…2 小瓣
橄欖油…60cc
起司粉…20g

▌ 作法

1 羅勒洗淨晾乾。
2 松子倒入平底鍋，小火煎金黃色放涼。
3 松子、蒜頭、起司粉、橄欖油、羅勒葉放入調理機攪碎，完成。

小提醒 可以一次打多一點的份量，吃不完的羅勒醬冷凍保存，之後可以拿來當萬用醬。

無運動日早餐　　無運動日午餐　　**無運動日晚餐**

和風雞肉豆腐

▊ 材料（2～3人份）

雞絞肉…200g
韭菜…半包
嫩豆腐…1盒
薑…3～4公分
冷水…100～150ml

醃醬
米酒…1大匙

調味料
黑龍日式醬油…1～2大匙
味噌…2小匙

▊ 作法

1 雞絞肉和米酒抓勻醃5分鐘。
2 韭菜切小段、薑磨成泥、豆腐切塊。
3 熱鍋倒入冷水和薑泥，煮至沸騰後，倒入雞絞肉，
　用鍋鏟慢慢將雞絞肉切成小碎肉。
4 雞肉變白後倒入調味料和韭菜拌炒均勻，最後加入
　嫩豆腐和少許鹽，試吃看看，調整喜歡的鹹度。

溫泉蛋

▊ 材料

放置室溫5分鐘以上的雞蛋
滾水…800cc
冷水…200cc

▊ 作法

1 雞蛋放置室溫回溫（如果剛從冰箱
　取出的冷藏蛋，突然遇到熱，蛋殼
　會裂開，蛋白跑出來就糟了）。
2 鍋中倒入800cc水煮滾。
3 煮滾後加入雞蛋和冷水關火，蓋上
　鍋蓋燜8～9分鐘，完成。

蒜炒玉米筍菠菜

▊ 材料

蒜頭…1～2小瓣
菠菜…1包（250g）
玉米筍…2～3支
鹽…適量

▊ 作法

1 蒜頭拍扁切碎、玉米筍切片、菠菜
　洗淨切段（4～5cm）備用。
2 熱油鍋，放入蒜頭炒香，加入玉米
　筍和菠菜根部、鹽炒軟，倒入菠菜
　葉拌炒均勻，完成。

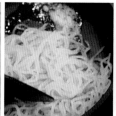

日式雞肉鬆蒟蒻麵

▌材料（2 人份）

蒟蒻絲…250g
雞胸絞肉…180g
薑泥…1 小匙
蔥花…適量
七味粉…少許

醃醬
薑泥…1 小匙
米酒…1 小匙
水…1 大匙
鹽…少許

調味料
日式醬油…2 大匙
味醂…2 大匙
赤藻糖醇 or 其他糖類…1 小匙

▌作法

1 雞胸肉使調理機絞碎或菜刀剁碎，和醃醬混合抓勻靜置 15 分鐘。
2 蒟蒻絲沖洗至無異味、薑磨成泥、切蔥花、所有調味料放入空碗攪拌均勻備用
3 熱油鍋放入薑泥炒香，倒入蒟蒻絲中小火炒 1 分鐘，取出備用。
4 原鍋加入少許油，放入雞絞肉使用鍋鏟慢慢切散成小碎肉，炒至雞肉變白倒入蒟蒻絲和調味料拌炒，起鍋撒一些蔥花或七味粉，完成。

蒜炒紅蘿蔔高麗菜

▌材料

蒜頭…1 ～ 2 小瓣
紅蘿蔔…2 ～ 3 公分
高麗菜…1/2 顆
鹽…適量

▌作法

1 蒜頭拍扁切碎、紅蘿蔔切絲、高麗菜手撕成小塊。
2 熱油鍋，倒入蒜頭炒香，加入紅蘿蔔拌炒 30 秒，倒入高麗菜和鹽拌炒均勻，蓋上鍋蓋燜煮 1 ～ 2 分鐘，完成。

蒜炒杏鮑菇菠菜

▌材料

蒜頭…1 ～ 2 小瓣
菠菜…1 包（250g）
玉米筍…2 ～ 3 支
杏鮑菇…2 支
鹽…適量

▌作法

1 蒜頭拍扁切碎、杏鮑菇滾邊切塊、菠菜洗淨切段（4 ～ 5cm）備用。
2 熱油鍋，放入蒜頭炒香，加入杏鮑菇煎至金黃，倒入菠菜、鹽拌炒均勻，完成。

青醬夾心烤雞胸＋花椰菜溫沙拉

▌ 材料（2～3 人份）

雞胸肉…300g
青醬…2～3 大匙
（市售或自己打的青醬都可以唷）
波菜…1 束
披薩專用起司絲…適量
鹽…適量
黑胡椒…適量

花椰菜沙拉
花椰菜…1 顆
西洋香菜…適量
洋蔥…1/4 顆
彩椒…1/2 顆
喜歡的香料…適量

沙拉醬
橄欖油…2 大匙
檸檬汁…1 大匙
白酒醋…1 大匙
鹽…適量
黑胡椒…適量

▌ 作法

（烤箱預熱至攝氏 200 度）

1 彩椒、洋蔥切塊狀、波菜切碎、雞肉切成書本狀。
2 彩椒、洋蔥和香料、鹽、胡椒、油拌均勻。
3 雞胸肉翻開，下層抹上青醬，擺上波菜、起司絲，蓋上雞胸肉。
4 熱油鍋，放入雞肉，大火雙面煎金黃色。
5 煎好的雞肉放在烤盤上，周圍撒上彩椒和洋蔥。
6 放入預熱好的烤箱，以攝氏 200 度烤 10～13 分鐘。
7 雞肉烤的同時，花椰菜洗淨切好煮熟，西洋香菜洗淨瀝乾備用。
8 彩椒、洋蔥烤熟後和花椰菜、西洋香菜、沙拉醬拌均勻，和雞肉一起放在盤子上，搭配優格青醬完成。

小提醒

1 若怕不好煎，雞肉開口邊緣處可以使用牙籤固定。
2 擺盤時為了讓配色豐富鮮艷洋蔥和彩椒盡量散開。

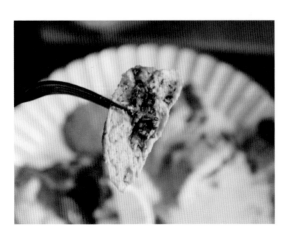

優格青醬

▌ 材料

無糖優格…2 大匙
青醬…1 大匙
鹽…適量

▌ 作法

全部混合均勻。

空心菜炒牛肉

▌材料（2人份）

牛肩肉片…180g
空心菜…1包（250g）
辣椒…1支
蒜頭…1～3小瓣

牛肉醃醬
米酒…2大匙
醬油…2大匙
麻油…1小匙
赤藻糖醇 or 其他糖類…1小匙
胡椒粉…少許

調味料
油漬鯷魚…1.5大匙

▌作法

1 空心菜洗淨切段、蒜頭拍扁切碎、辣椒切片。

2 牛肉片和醃醬抓勻醃10分鐘。
3 熱油鍋，倒入牛肉片慢慢炒散，炒至變色後起鍋備用。
4 原鍋放入蒜頭炒香，先倒入空心菜梗炒微軟，再放入空心菜葉和牛肉、鯷魚，拌炒均勻，最後加入辣椒，完成！

小提醒 如果牛肉片比較薄，避免牛肉吃起來太乾硬，有變色就可以起鍋囉！

蒜炒紅蘿蔔高麗菜

▌材料

蒜頭…1～2小瓣
紅蘿蔔…2～3cm
高麗菜…1/2顆
鹽…適量

▌作法

1 蒜頭拍扁切碎、紅蘿蔔切絲、高麗菜手撕成小塊。
2 熱油鍋，倒入蒜頭炒香，加入紅蘿蔔拌炒30秒，倒入高麗菜和鹽拌炒均勻，蓋上鍋蓋燜煮1～2分鐘，完成。

無運動日早餐　　無運動日午餐　　**無運動日晚餐**

古早味烤鹽酥雞

▌ 材料（2～3人份）

雞里肌肉…250g（或雞胸肉）
章源 100% 地瓜粉…
胡椒粉…適量
鹽…適量
蔥花…適量
蒜頭…適量
玄米油…適量

醃醬
薑泥…2～3 公分小段
蒜泥…2～3 小瓣
醬油…1 茶匙
甜菜根糖 or 其他糖類…1 茶匙
蛋…1 顆
五香粉…1 茶匙
芫荽籽粉…1/2 茶匙（可省略）
胡椒…少許

▌ 作法

1 雞肉切成好入口的大小，薑和蒜磨成泥狀。
2 肉和所有醃醬按摩抓勻，放入冰箱冷藏醃 1 小時或隔夜。
3 箱預熱至攝氏 200 度，準備一個空盤倒入地瓜粉。
4 醃好的雞肉均勻裹上地瓜粉，放置烤盤上回潮，雞肉表面塗上薄薄一層油。
5 放入已預熱完成的烤箱，以攝氏 200 度烤 12～15 分鐘。
6 照喜好拌入鹽、胡椒粉、辣椒粉、蒜、蔥，完成！

小提醒 烤的時候雞肉表面盡量不要留有白白的粉，因為烤完後還是會白白的唷！

番茄炒蛋

▌ 材料

小番茄…5～6 顆
蛋…2～3 顆
蒜頭…1～2 小瓣
醬油…少許
青蔥…適量

▌ 作法

1 小番茄對半切，蒜頭拍扁切碎，青蔥切蔥花、蛋打入碗中攪散備用。
2 鍋中放少許油，倒入蛋液，煎至凝固後使用鍋鏟輕輕搗碎，起鍋備用。
3 原鍋放入蒜頭利用鍋中剩餘的油炒香，倒入小番茄炒軟，最後加入炒蛋、醬油拌炒均勻，撒上蔥花，完成。

蒜炒紅蘿蔔高麗菜

▌ 材料

蒜頭…1～2 小瓣
紅蘿蔔…2～3cm
高麗菜…1/2 顆
鹽…適量

▌ 作法

1 蒜頭拍扁切碎、紅蘿蔔切絲、高麗菜手撕成小塊。
2 熱油鍋，倒入蒜頭炒香，加入紅蘿蔔拌炒 30 秒，倒入高麗菜和鹽拌炒均勻，蓋上鍋蓋燜煮 1～2 分鐘，完成。蓋上鍋蓋燜 8～9 分鐘，完成。

花生檸檬香蒜雞肉義大利冷麵

▌材料（2人份）

筆尖麵…160 ～ 180g
雞胸肉…300g
小黃瓜…1 支
小番茄…適量
煮熟的花椰菜…適量
煮熟的玉米筍…適量
水煮蛋…2 顆
橄欖油…適量

雞肉醃醬
米酒…1 大匙
蒜泥…2 ～ 3 小瓣
鹽…適量

拌麵醬
無糖花生醬…2 大匙
開水…3 大匙
檸檬汁…1.5 大匙
蒜泥…2 瓣
小茴香粉…1/2 小匙
卡宴辣椒粉、鹽…適量（可用其他辣椒粉代替或省略）

煮麵水
水…1000cc
鹽…10g

▌作法

1 雞胸肉切成好入口的大小，和醃醬混合均勻放置 5 分鐘。
2 滾水加入鹽和義大利麵攪拌一下，防止麵沾黏，約煮 7 ～ 8 分鐘。
3 小黃瓜洗淨切小段、小番茄對半切，拌麵醬混合均勻備用。
4 撈起義大利麵，放入大碗中淋上橄欖油攪拌均勻放涼。
5 熱油鍋，倒入雞肉中大火雙面煎金黃，蓋上鍋蓋小火燜 3 ～ 4 分鐘，打開鍋蓋確認雞肉全熟後，起鍋備用。
6 最後將小黃瓜、小番茄、花椰菜、玉米筍、水煮蛋和麵攪拌均勻，淋上花生醬，完成！

小提醒

1 煮義大利麵的時間可依照喜好的軟硬度或參考包裝袋建議時間作調整。
2 雞肉若不想用煎的，也可以放入微波爐，蓋上盤子或其他微波器具，以600W加熱3分30秒～4分鐘。

菇菇青江菜蝦燴飯

材料 (2人份)

Costco 去殼大蝦仁…12～15 隻
青江菜…1 包（250g）
蒜頭…2～3 小瓣
鴻禧菇…1/2～1 包
鹽…適量

蝦子醃醬
米酒…2 大匙
馬鈴薯澱粉…1/8 小匙
（可用太白粉代替或省略）

調味料
米酒…2 大匙
味醂…2 大匙
黑龍醬油膏…1 大匙

勾芡水（可省略）
水…2 小匙
馬鈴薯澱粉…1/4 小匙
（可用太白粉代替）

作法

1 costco 蝦仁解凍洗淨瀝乾，倒入醃醬抓勻放置 5 分鐘。
2 鴻禧菇洗淨去尾撕開、青江菜切段菜葉和梗分開、蒜頭拍扁切碎。
3 熱油鍋放入蒜頭炒香，加入蝦雙面煎金黃，倒入鴻禧菇和青江菜梗炒軟，加入青江菜葉和調味料，稍微拌勻蓋上鍋蓋燜 30 秒。
4 打開鍋蓋，撒一些鹽拌炒均勻，最後倒入勾芡水攪拌均勻，完成。

蒜炒小番茄高麗菜

材料

蒜頭…1～2 小瓣
小番茄…5～6 顆
高麗菜…1/2 顆
鹽…適量

作法

1 蒜頭拍扁切碎、小番茄對半切、高麗菜手撕成小塊。
2 熱油鍋，倒入蒜頭炒香，加入小番茄、高麗菜和鹽拌炒均勻，蓋上鍋蓋燜煮 1～2 分鐘，完成。

蔥花蛋

材料

青蔥…1 支
蛋…2 顆
鹽…適量

作法

1 青蔥切成蔥花和蛋、鹽拌勻。
2 熱油鍋，倒入蛋液，底部凝固後翻面，雙面金黃後起鍋，使用鍋鏟輕輕攪散，完成。

無麵粉杏仁蛋塔

▌材料（可做 11～12 顆蛋塔）

餅皮材料
杏仁粉…160g
無鹽奶油…50g
蛋…1 顆

蛋塔餡
牛奶…200ml
赤藻糖醇 or 其他糖類
…40～50g
蛋…3 顆
香草精…少許

蛋塔模…12 個

▌作法

塔皮作法
1 無鹽奶油放入耐熱碗，以微波 600W 1 分鐘融化。
2 蛋打入碗中打散成蛋液備用。
3 準備一個大碗，倒入杏仁粉、蛋液、融化奶油攪拌成糰，將拌好的塔皮搓揉成長條狀，使用保鮮膜包覆起來，放入冰箱冷藏 1 小時，變硬後比較容易操作。
4 蛋塔模塗上融化奶油塗抹防沾黏，從冰箱取出塔皮，均勻分割搓揉成 12 個小圓球放入蛋塔模中，使用指頭慢慢向外推，讓塔皮均勻分布於蛋塔模中。

蛋塔餡作法
1 蛋打散備用。
2 準備一個小鍋倒入牛奶和糖，加熱至糖融化關火。
3 使用打蛋器，將打好的蛋液慢慢邊攪拌邊倒入牛奶鍋中，使用過濾網過濾一次蛋塔液，倒入塔皮中。

烘烤
1 烤箱預熱至攝氏 180 度。
2 預熱完成後放入烤箱以攝氏 180 度烤 13～15 分鐘，放涼後脫模完成。

小提醒 過濾完的蛋塔液表面蓋上一層烘焙紙或保鮮膜，再倒入塔皮中，可以防止蛋塔表面有過多小泡泡。

QQ 地瓜格子餅

▌材料（2～3 人份）

蒸熟的地瓜泥…150g
赤藻糖醇 or 其他糖類…10g
融化無鹽奶油…15g
章俊源 100% 地瓜粉…60g

▌作法

1 材料全部攪拌均勻至無顆粒。
2 鬆餅機加熱，地瓜糰分成 40～50g 搓成小圓球。
3 放入鬆餅機，蓋上烤 3～4 分鐘，完成！

小提醒

1 可以搭配新鮮水果、無糖優格、花生醬、楓糖、蜂蜜、黑巧克力醬。
2 地瓜糰可以前一晚混合好，放保鮮盒裡冷藏隔天使用。
3 地瓜粉份量減少，地瓜糰搓圓時稍微有點黏手是正常的（地瓜粉較多會不黏手也會越Q，但冷掉後會變硬）。

紫地瓜藍莓果昔

■ 材料（2 人份）

紫色熟地瓜…100g

熟香蕉…1 小根（1/2 大根）

牛奶…60ml

楓糖或其他糖類…1 ～ 2 大匙

冷凍香蕉…2 小根（1 大根）

冷凍藍莓…50g

裝飾

希臘優格…適量

新鮮水果…適量

■ 作法

1 前一天將香蕉、藍莓冷凍。

2 前紫色地瓜、熟香蕉、牛奶、楓糖倒入調理機中混合均勻，倒入杯中（底層）。

3 前清洗一下調理杯，放入冷凍藍莓和冷凍香蕉打成泥狀，再倒入杯中（中間層）。

4 前最後上層倒入希臘優格和新鮮水果裝飾，完成。

抗餓小點心

高蛋白乳清藍莓馬芬

▋ 材料（6 顆）

粉類材料
燕麥粉…60g
杏仁粉（堅果杏仁）…15g
乳清蛋白粉…35g（這次加 mars 戰神奶茶口味）
泡打粉…1/2 小匙
小蘇打粉…1/4 小匙

濕性材料
蛋白…2 顆
希臘優格…60g
無糖蘋果醬…60g
香蕉…半根

新鮮藍莓或冷凍藍莓…適量

▋ 作法

1 烤箱先預熱至攝氏 180 度。
2 準備一個盆子，將粉類材料全部過篩。
3 濕性材料使用調理機混合。
4 打好的蛋白糊倒入粉類，輕輕攪拌均勻，最後和藍莓混合均勻。
5 倒入紙模後，放入預熱好的烤箱以攝氏 180 度，烤 20 ～ 30 分鐘！

小提醒

1 可以使用牙籤或竹籤插入蛋糕測試熟度，如果麵糊沾黏在牙籤上，代表還沒熟，可以再烤5～8分鐘。
2 如果手邊沒有燕麥粉，也可使用調理機將即食燕麥片打成粉狀唷！

無糖蘋果醬

▋ 材料

蘋果…1 ～ 2 顆
檸檬汁…1/8 顆

▋ 作法

1 蘋果去皮去芯，切成小塊，放入調理機打成泥狀。
2 蘋果泥倒入小鍋中，轉小火，中途不停地攪拌防止焦鍋，大約 10 分鐘後，擠一些檸檬汁，再用小火熬煮至水分變少，起鍋，放涼！

女神動感計劃

動起來

4 週運動、伸展訓練套餐

※ 運動過程若有任何不適,請立即停止並接受檢查。

運動前 建議補充碳水化合物
例如:香蕉+豆漿或牛奶,可快速吸收好消化食物。

運動後 建議補充碳水化合物、蛋白質
例如:高蛋白水果鬆餅、高蛋白水果奶昔、茶葉蛋、無調味堅果、地瓜、肉類等食物。

第一周（三天）：全身性訓練＋輕有氧		
星期一（day1） 1～5 循環做 4 組	**星期三（day2）**	**星期五（day3）** 1～5 循環做 4 組
①深蹲 15 下（P.180）		①基礎弓箭步 15 下（P.178）
②硬舉＋彈力繩輔助 （細長狀）15 下（P.181）		②後弓箭步 15 下（P.179）
③後收肩胛＋ 彈力帶輔助（較寬）30 下 （P.184）	快走 30 分鐘直到汗流	③肩胛後收上下平移＋ 彈力帶輔助（較寬） 15 下（P.185）
④跪姿伏地挺身 15 下（P.186）		④簡單版跪姿伏地挺身 15 下（P.187）
⑤棒式 30 秒（P.191）		⑤棒式 45 秒（P.191）
訓練重點：學習動作、確保安全和下背膝蓋無壓力、感受度 動運後請適度伸展，降低肌肉痠痛。		

第二周（三天）：臀部和腹部加強訓練＋輕有氧		
星期一（day1） 1～5 循環做 4 組	**星期三（day2）**	**星期五（day3）** 1～5 循環做 4 組
①深蹲＋彈力帶輔助（較寬） 15 下（P.180）		①硬舉＋彈力繩輔助（細長狀） 15 下（P.181）
②橋式 30 秒（P.182）		②負重弓箭步 左右腳各 15 下 （P.179）
③划船＋彈力繩輔助 15 下 （P.185）	爬坡快走 45 分鐘	③橋式＋彈力帶輔助（較寬）30 秒 （P.183）
④船式 30 秒（P.190）		④單腳橋式 左右腳各 30 秒（P.182）
⑤棒式進階（抬腳）左右腳 各 30 秒（P.191）		⑤進階船式 30 秒（P.190）
		⑥俄羅斯轉體 30 下（P.188）
訓練重點：學習動作、確保安全和下背膝蓋無壓力、感受度 動運後請適度伸展，降低肌肉痠痛。		

第三周（三天）：循環訓練初級班＋中有氧
（動作和動作間休 30 秒，每組間休息 1 分鐘）

星期一（day1） 1〜6 循環做 6 組	星期三（day2）	星期五（day3） 1〜6 循環做 6 組
① 硬舉＋彈力繩輔助 （細長狀）30 下（P.181）		① 硬舉＋彈力繩輔助 （細長狀）30 下（P.181）
② 划船＋彈力繩輔助 （細長狀）30 秒（P.185）		② 單腳橋式（可負重或踩球） 30 秒（P.183）
③ 跪姿伏地挺身 30 下 （P.186）	慢跑、室內腳踏車、 跳繩	③ 後收肩胛＋彈力帶輔助 （較寬）30 秒（P.184）
④ 俄羅斯轉體 30 下（P.188）		④ 跪姿伏地挺身 30 下（P.186）
⑤ 深蹲＋彈力帶輔助（較寬） 30 秒（P.180）		⑤ 棒式進階（抬腳）左右腳各 30 秒 （P.191）
⑥ 後弓箭步 左右腳各 30 下 （P.179）		⑥ 負重弓箭步 左右腳各 30 下（P.179）

訓練重點：學習動作、確保安全和下背膝蓋無壓力、感受度
動運後請適度伸展，降低肌肉痠痛。

第四周（三天）：循環訓練進階班＋中有氧
（動作和動作間不休息，每組間休息 1 分鐘）

星期一（day1） 1〜6 循環做 6 組	星期三（day2）	星期五（day3） 1〜6 循環做 6 組
① 硬舉＋彈力繩輔助 （細長狀）30 下（P.181）		① 硬舉＋彈力繩輔助 （細長狀）30 下（P.181）
② 划船＋彈力繩輔助 （細長狀）30 下（P.185）		② 單腳橋式（可負重或踩球） 30 秒（P.183）
③ 跪姿伏地挺身 30 下 （P.186）	慢跑、室內腳踏車、 跳繩	③ 後收肩胛＋彈力帶輔助 （較寬）30 秒（P.184）
④ 俄羅斯轉體 30 下（P.188）		④ 跪姿伏地挺身 30 下（P.186）
⑤ 深蹲＋彈力帶輔助（較寬） 30 秒（P.180）		⑤ 棒式進階（抬腳）左右腳各 30 秒 （P.191）
⑥ 後弓箭步 左右腳各 30 下 （P.179）		⑥ 負重弓箭步 左右腳各 30 下（P.179）

訓練重點：學習動作、確保安全和下背膝蓋無壓力、感受度
動運後請適度伸展，降低肌肉痠痛。

下半身

① 脊椎中立

② 脊椎中立

基礎弓箭步

動作提醒

難易度：簡單。

1 雙腳與髖等寬。

2 脊椎中立（脊椎打直）不駝背，
　核心穩定。

3 前腳根和後腳跟皆呈 90 度，前膝
　不超過腳尖。

訓練部位：股四頭肌、臀肌、腹肌。

脊椎中立

① ② 脊椎中立

後弓箭步

動作提醒

難易度：較難。
1 雙腳與髖等寬。
2 脊椎中立，不駝背，
　核心穩定。
3 前腳根和後腳跟皆
　呈 90 度，前膝不超
　過腳尖。

訓練部位：股四頭肌、
臀肌。

脊椎中立

① ② 脊椎中立

負重弓箭步

動作提醒

難易度：較難。
1 雙腳與髖等寬。
2 脊椎中立，不駝背，
　核心穩定。
3 前腳根和後腳跟皆
　呈 90 度，前膝不超
　過腳尖。

訓練部位：股四頭肌、
臀肌、腹肌。

深蹲

動作提醒

難易度：簡單。

1 脊椎中立，不駝背，核心穩定。

2 膝蓋和腳尖同一個方向，不內夾，腳跟不離地。

傳統深蹲：膝蓋腳尖朝前，雙腿平行與髖等寬。

訓練部位：股四頭肌、股二頭肌、臀肌。

相撲深蹲：雙腳微微外張，比髖略寬。

訓練部位：股四頭肌、內收肌群、臀肌。

脊椎中立

脊椎中立

① ②

脊椎中立

脊椎中立

① ②

深蹲＋彈力帶或翹臀圈輔助

動作提醒

難易度：較難。

1 脊椎中立，不駝背，核心穩定。

2 膝蓋和腳尖同一個方向，腳跟不離地。

3 保持彈力帶張力，不內夾。

彈力帶、彈力繩

彈力帶、彈力繩和翹臀圈適合初學者喚醒肌肉或中高階者暖身、幫助維持姿勢和增加強度。

翹臀圈適合下半身和臀大肌，一般市面上材質比彈力帶更厚實耐拉，不容易脫落或跑位，彈力帶和彈力繩適合全身。使用的牌子不限，初學者建議選擇磅數低（強度低）的彈力帶，隨著訓練增加，肌肉力量變好，再更換磅數高（強度較高）的彈力帶，或是可以試拉看看，購買適合自己的強度。

硬舉＋彈力繩輔助

動作提醒
1 脊椎中立，不駝背，核心穩定。
2 髖關節主導帶動。

訓練部位：臀肌、腿後肌。

① 動作側面

② 動作正面

①

②

橋式

動作提醒

難易度：簡單。
1 脊椎中立，不挺腰，核心穩定。
2 髖關節主導帶動。
3 雙腳平行，膝蓋朝向腳尖。
4 頸部或背部不適者，不建議練習
　此體位。

訓練部位：臀肌。

① ②

單腳橋式

動作提醒

難易度：簡單。
1 脊椎中立，不挺腰，核
　心穩定。
2 髖關節主導帶動。
3 雙腳平行，膝蓋朝向腳
　尖。
4 頸部或背部不適者，不
　建議練習此體位。

訓練部位：臀肌。

單腳橋式（可負重或踩球）

動作提醒

難易度：較難。

1 脊椎中立，不挺腰，核心穩定。
2 髖關節主導帶動。
3 雙腳平行，膝蓋朝向腳尖。
4 頸部或背部不適者，不建議練習此體
　位。

訓練部位：臀肌。

橋式＋彈力帶或翹臀圈輔助

動作提醒

難易度：較難。

1 脊椎中立，不挺腰，核心穩定。
2 髖關節主導帶動。
3 雙腳平行，膝蓋朝向腳尖
4 頸部或背部不適者，不建議練習此體位。

訓練部位：臀肌。

背部

後收肩胛＋彈力帶輔助

動作提醒
1 脊椎保持中立，不聳肩駝背。
2 彈力帶維持張力。

訓練部位：上背部、斜方肌、大小菱形肌、大小圓肌。

①

②

划船＋彈力繩

動作提醒
1 脊椎中立，不凹腰或駝背，核心穩定。
2 背擴肌用力往後啟動，小手臂小心不要出力。

訓練部位：背部肌群。

①　②　③

肩胛後收上下平移＋彈力帶輔助

動作提醒
1 脊椎保持中立，不聳肩駝背。
2 彈力帶維持張力。

訓練部位：中斜方肌、下斜方肌的等長。

①　②　③

胸部

跪姿伏地挺身

動作提醒
1 脊椎中立，不駝背或聳肩，核心穩定。
2 兩隻手掌，置於胸兩側。

訓練部位：胸肌。

簡單版跪姿伏地挺身

動作提醒
1 脊椎中立，不駝背或聳肩，核心穩定。
2 兩隻手掌置於胸兩側。

訓練部位：胸肌。

正面

側面

腹部

俄羅斯轉體

動作提醒

難易度：簡單。
1 脊椎中立，不駝背或
　聳肩，核心穩定。
2 小心下背，不塌腰。

訓練部位：側腹。

①

②

不讓臀部往中間塌陷

俄羅斯轉體（抱球）

動作提醒

難易度：較難。

1 脊椎中立，不駝背或聳肩，
　核心穩定。

2 小心下背，不塌腰。

訓練部位：側腹。

① 不彎腰駝背

②

③

船式

動作提醒

難易度：簡單。

1 脊椎中立，不駝背或聳肩。

2 小心不拱起下背，不塌腰，肚子收緊保持核心穩定。

訓練部位：腹部。

脊椎中立　不塌腰

進階船式

動作提醒

難易度：較難。

1 脊椎中立，不駝背或聳肩。

2 小心不拱起下背，不塌腰，肚子收緊保持核心穩定。

訓練部位：腹部。

脊椎中立　不塌腰

動起來：四週運動、伸展訓練套餐

棒式

動作提醒

難易度：簡單。

1 脊椎中立，不聳肩，核心穩定。
2 身體一直線，不塌腰、不駝背、
　 不翹屁股。
3 腹部和屁股夾緊。

訓練部位：核心肌群。

不塌腰　　脊椎中立

棒式進階（抬腳）

動作提醒

難易度：較難。

1 脊椎中立，不聳肩，核心穩定。
2 身體一直線，不塌腰、不駝背、
　 不翹屁股。
3 腹部和屁股夾緊。

訓練部位：核心肌群。

不塌腰　　脊椎中立

伸展

前側股四頭肌伸展

動作提醒：腹部收緊，屁股夾緊，手捉住後腳向上伸展。

正面　　　　　　側面

背闊肌伸展

動作提醒：雙手抓住固定物，臀部向後推，背部下壓。

腹直肌伸展

動作提醒：雙手向上延伸，伸展腹直肌。

脊椎中立

脊椎中立

腿後腱伸展

動作提醒： 骨盆正，腳尖朝上，不駝背，慢慢向前伸展。

臀大肌伸展

動作提醒：翹二郎腿，身體向前傾，手呈 90 度輕壓大腿，停留 30 秒換腳。

正面　　　　　　側面

胸大肌伸展

動作提醒：面對牆壁，手彎曲 90 度，身體轉向前方伸展胸大肌。

bon matin 121

4週變女神！增肌減脂‧自煮瘦身餐

作　　者	喬尹 Yin		讀書共和國出版集團	
審　　訂	邱筱喬（ola）		社　　長	郭重興
攝影協力	SKY‧林柏宏、施景淳		發行人兼	曾大福
運動指導	La La		出版總監	
社　　長	張瑩瑩		印務經理	黃禮賢
總 編 輯	蔡麗真		印　　務	李孟儒
美術編輯	林佩樺		法律顧問	華洋法律事務所　蘇文生律師
封面設計	倪旻鋒		印　　製	凱林彩印股份有限公司
			初　　版	2019年09月04日
責任編輯	莊麗娜			
行銷企畫	林麗紅		有著作權　侵害必究	
出　　版	野人文化股份有限公司		歡迎團體訂購，另有優惠，請洽業務部	
發　　行	遠足文化事業股份有限公司		（02）22181417分機1124、1135	

地址：231新北市新店區民權路108-2號9樓

電話：（02）2218-1417

傳真：（02）86671065

電子信箱：service@bookreP.com.tw

網址：www.bookreP.com.tw

郵撥帳號：19504465遠足文化事業股份有限公司

客服專線：0800-221-029

國家圖書館出版品預行編目(CIP)資料

4週變女神!增肌減脂.自煮瘦身餐 / 喬尹著. -- 初版. -- 新北市 : 野人文化出版 : 遠足文化發行, 2019.09
200面 ; 17×23公分. -- (bon matin ; 121)　　ISBN 978-986-384-376-4（平裝）　　1.食譜 2.減重 3.健身運動
427.1　　　　　　　　　　　　　　　　　　　　　　　　　　　　　　　　　　　108014260

野人文化
讀者回函卡

感謝您購買《4週變女神！增肌減脂‧自煮瘦身餐》

姓　名 　　　　　　　　□女　□男　　年齡

地　址

電　話　　　　　　　　手機

Email

學　歷　□國中(含以下)　□高中職　　□大專　　　□研究所以上
職　業　□生產/製造　□金融/商業　□傳播/廣告　□軍警/公務員
　　　　□教育/文化　□旅遊/運輸　□醫療/保健　□仲介/服務
　　　　□學生　　　□自由/家管　□其他

◆你從何處知道此書？
　□書店　□書訊　□書評　□報紙　□廣播　□電視　□網路
　□廣告DM　□親友介紹　□其他

◆您在哪裡買到本書？
　□誠品書店　□誠品網路書店　□金石堂書店　□金石堂網路書店
　□博客來網路書店　□其他＿＿＿＿＿＿＿＿＿＿＿＿

◆你的閱讀習慣：
　□親子教養　□文學　□翻譯小說　□日文小說　□華文小說　□藝術設計
　□人文社科　□自然科學　□商業理財　□宗教哲學　□心理勵志
　□休閒生活（旅遊、瘦身、美容、園藝等）　□手工藝／DIY　□飲食／食譜
　□健康養生　□兩性　□圖文書／漫畫　□其他

◆你對本書的評價：（請填代號，1. 非常滿意　2. 滿意　3. 尚可　4. 待改進）
　書名＿＿＿封面設計＿＿＿＿版面編排＿＿＿＿印刷＿＿＿＿內容＿＿＿＿
　整體評價＿＿＿＿

◆希望我們為您增加什麼樣的內容：

◆你對本書的建議：

廣　告　回　函
板橋郵政管理局登記證
板橋廣字第１４３號

郵資已付　免貼郵票

23141
新北市新店區民權路108-2號9樓
野人文化股份有限公司 收

請沿線撕下對折寄回

野人

書名：4週變女神！增肌減脂・自煮瘦身餐

書號：bon matin 121